Andrea Adrian

Ausrüstung selbst gemacht

Dieses Buch ist meiner Mutter gewidmet sowie allen Menschen, die das teilen, was uns verbunden hat: die Freude am Selbermachen.

Andrea Adrian

Ausrüstung selbst gemacht

für Pferd, Stall und Reiter

Müller Rüschlikon

Einbandgestaltung: Kornelia Erlewein

Titelbilder: Anne Helmrich (oben), Schnittmuster mit Nähutensilien © Claudia Paulussen–www.fotolia.de, Matthias Adrian (unten)

Bildnachweis:
Fotografien: Anne Helmrich
Außer:
Ursula Feiler-Ninnig (S. 54/55), Nanni Kohlmeyer (S. 28 oben, 34–42, 48, 50, 52, 57, 89–91, 95, 97, 99, 105, 124–128, 140, 145 unten, 148), Ruth Körber (S. 67 unten), Marion Kuehn-Doß (S. 62/63), Gebhard Rehm (S. 51), Christoph Rieser (S. 44), Jenni Roßberger (S. 138), Maria Sabine Schmidt (S. 47), Monika Schmid (S. 46), Rainhild Wenzel (S. 32, 61).

Grafiken/Zeichnungen: Miriam Weis
Außer:
Andrea Adrian (S. 21 links, 24, 34/35, 41, 57–60, 70, 78 oben, 80 oben, 81, 86 oben, 101, 104, 107, 114–127, 135/136), Andrea Madl (S. 98/99), Margarete Schiller (S. 103).

Alle Karrikaturen in Kapitel 6: Waldemar Koch

ISBN 978-3-275-01766-9

Postfach 103743, 70032 Stuttgart
Ein Unternehmen der Paul Pietsch Verlage GmbH & Co. KG
Lizenznehmer der Bucheli Verlags AG, Baarerstr. 43, CH-6304 Zug

1. Auflage 2011

Sie finden uns im Internet unter www.mueller-rueschlikon-verlag.de

Lektorat: Claudia König
Innengestaltung: Anita Ament
Reproduktionen: digi bild reinhardt, 73037 Göppingen
Druck und Bindung: L.E.G.O. S.p.A., 36100 Vicenza
Printed in Italy

Liebe Leserin und lieber Leser,

ich freue mich, dass mein Buch Ihr Interesse gefunden hat. Es soll eine Fundgrube an Ideen und Anregungen für Sie sein, auf die Sie immer wieder gerne zurückgreifen.

Wir Pferdeleute verwenden bereits einen großen Teil unserer Freizeit für unseren vierbeinigen Freund. Dennoch gibt es viele Gründe, Teile der Ausrüstung selbst herzustellen. Wenn man viel Geld sparen, ein ärgerliches Problem beheben oder etwas anfertigen kann, das es einfach nicht zu kaufen gibt, hat sich die Zeit gelohnt, die man dafür aufgewendet hat. Das sind die Sachargumente fürs Selbermachen.

Daneben gibt es aber noch andere Gründe, die einen bewegen, Nadel oder Säge zur Hand zu nehmen: Da ist das Interesse, Neues auszuprobieren, die Freude an der handwerklichen Tätigkeit und der Stolz über Selbstgeschaffenes. Wir Menschen wurden schließlich nicht als Konsumenten geschaffen, sondern als schöpferische Wesen, die ihre Fähigkeiten beständig erweitern.

Sie werden feststellen, dass viele handwerkliche Techniken sehr entspannend wirken. Beim Weben, Knüpfen oder Hitchen verschwinden Stress und Hektik, der Kopf wird frei und eine gelöste Zufriedenheit stellt sich ein. Manche Projekte im Buch lassen sich gut »nebenher« anfertigen, beim Fernsehen, im Urlaub am Strand oder beim Gespräch mit Freunden. Für andere benötigen Sie volle Aufmerksamkeit. Lassen Sie sich von unbekannten Techniken nicht abschrecken, auch wenn die Anleitung ziemlich lang aussieht. Wenn Sie Schritt für Schritt den Anweisungen folgen, ergibt sich vieles wie von selbst.

Auf meiner Homepage (http://www.amadrian.de/ausruestung-selbst-gemacht) finden Sie zu vielen Modellen des Buches Tipps und Gestaltungsvarianten. Hier können Sie sich auch über Email Rat holen, wenn Sie Fragen zu den Anleitungen haben. Die Homepage gibt mir auch die Möglichkeit, Informationen über Bezugsquellen und neue Materialien stets auf dem neuesten Stand zu halten. Selbst wenn Sie keinen Internetzugang haben, kennen Sie sicher jemanden, bei dem Sie mal diese Seite »besuchen« können. Besonders freuen würde ich mich über eine kurze Email, die mich wissen lässt, wie Ihnen das Buch gefällt.

Sie halten ein Buch in Händen, in das die Ideen, das Wissen und die Erfahrung vieler Menschen eingeflossen, die Pferde lieben. Ohne die tatkräftige Hilfe vieler Freunde wäre dieses Buch in seiner Vielseitigkeit nicht möglich gewesen. Ich bedanke mich ganz herzlich bei Anne, Nanni, Andrea, Miriam, Waldemar, Mechthild, Dani, Rainhild, Anika, Sonja, Petra, Xaver, Norbert, Katja, Sina, Steffi, Eva, Julia, Lisa, Gretel, Uwe, Tanja, Jenni, Manfred Weick, Karin, der gesamten Familie Reiser, vor allem Nina und allen vom Wallonenhof.

Mein Dank geht an alle Künstlerinnen, die ich im Buch vorstellen durfte und deren Schaffen eine Quelle der Inspiration für mich war und ist. Bei allen vierbeinigen »Modellen« möchte ich mich bedanken, die geduldig bei vielen Fotoshootings und endlosem Maßnehmen stillgehalten und mitgemacht haben.

Ganz besonders gilt mein Dank meinem lieben Mann, der mit Langmut all das Chaos ertragen und mit mir die Homepage gestaltet hat, sowie meiner Lektorin, Claudia König, die die Idee zu diesem Buch hatte und mir stets motivierend mit Rat und Tat zur Seite stand.

Ich wünsche Ihnen bei der Lektüre des Buches und beim Selbermachen viel Freude.

Andrea Adrian

Inhalt

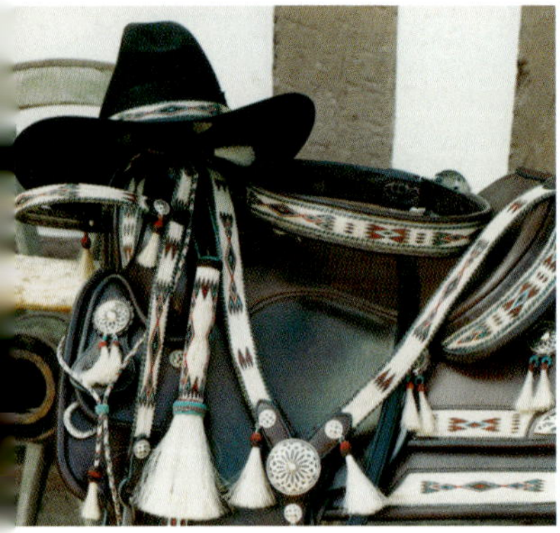

Erklärung der Zeichen und Linien

———	Schneidelinie
- - - - -	Stepplinie
–·–·–·	Umfalt- oder Einschlaglinie
·········	Sonstige Linie, oft Mittellinie
(schraffiertes Feld)	Teil muss auf die linke Stoffseite/innen aufgesetzt werden
(gepunktetes Feld)	Teil muss auf die rechte Stoffseite/außen aufgesetzt werden
⅄	Markierung, die auf andere Markierung oder Nahtlinie treffen muss
(Symbol)	Spiegelverkehrt auflegen
↓	Fadenlauf
(dunkles und helles Feld)	Dunklere Farbe: rechte Stoffseite, hellere Farbe: linke Stoffseite

1. Problemlösungen und Helfer im Reitalltag

Im Reitalltag schlägt man sich nur allzu oft mit kleinen Ärgernissen und Sorgen herum, die einen Zeit und Nerven kosten. Da muss man mal austreten und sucht danach verzweifelt die Gerte im Gestrüpp – wo hat man sie nur hingelegt? Die alte Dame mit der Gehhilfe ruft einem Verwünschungen nach, weil das Pferd seine Äpfel mitten auf dem Bürgersteig abgelegt hat. Viele Pferdebesitzer schlafen im Sommer schlecht, weil sie befürchten, dass ihr vierbeiniger Partner sich gerade hoffnungslos mit seinem Halfter am Weidezaun verheddert.

Manchmal hilft es, unkonventionell zu denken. Als Anika, das Mädchen auf dem Bild, vom Heuwagen fiel, konnte sie zwar noch reiten, kam aber nicht mehr allein aufs Pferd, weil sie sich das Hüftgelenk gezerrt hatte. Also brachte sie ihrem Knabstrupper bei, eine angestellte Leiter zu dulden. Solche Kunststücke finden Sie nicht im ersten Kapitel, dafür aber konkrete Hilfen und Anleitungen, wie Sie Alltagsprobleme ohne großen Aufwand beheben können.

In diesem Kapitel

Sicherheits-Weidehalfter für wenig Geld

In zahlreichen Ställen ist es Vorschrift, dass die Pferde nur mit Halfter auf die Koppel dürfen. Das Einfangen wird damit zwar erleichtert, doch besteht dann ein ständiges Unfallrisiko. Ein Pferd, dass sich mit den Hinterbeinen kratzt oder mit dem Kopf am Zaun, an der Tränke oder einem Baum hängen bleibt, gerät leicht in Panik. Durch hektische Befreiungsversuche kann es sich böse Zerrungen und gefährliche Verletzungen im Nackenbereich zuziehen. Manche Pferde wurden durch derartige Weideunfälle unreitbar.

Die Lösung sind Halfter, die das Pferd in einem solchen Fall freigeben. Wir stellen Ihnen drei Variationen vor: mit Klettverschlüssen, mit Gummiband und geflochten aus Wolle. Sie können sie für Ihr Pferd, egal ob Fohlen oder Kaltbluthengst, passgenau anfertigen – es ist ganz einfach.

Die beiden Haflingerstuten sind fein raus: Arietta (rechts) trägt ein Halfter mit Klettverschlüssen, Mira (links) ein geflochtenes aus weicher Wolle. So kann nichts passieren.

Das Halfter mit Klettverschlüssen

Dieses Sicherheitshalfter sieht aus wie ein normales Halfter. Am Nasen- und Genickstück befinden sich jedoch Klettverschlüsse, die sich bei panischem Ziehen des Pferdes öffnen würden, nicht aber beim normalen Führen und Putzen. Diese Klettstreifen sollten, um Verschmutzung zu vermeiden, immer geschlossen sein, der Haken unter den Ganaschen ermöglicht ein problemloses An- und Ausziehen.

Hinweis: Das Gurtband ist preiswert und haltbar. Die Beschläge können Sie von einem alten Halfter, bei dem die Schnalle kaputt oder die Farben verblichen sind, nehmen. Man kann auch im Fachhandel Beschläge kaufen (siehe Bezugsquellen), dann würde das Halfter aber deutlich teurer.

Sie benötigen:

25 oder 23 mm breites Polyester-Gurtband (Nähbedarf), ca. 4 m für ein Pony, für ein Warmblut 5 m, Beschläge und Haken von einem alten Halfter, starkes Nähgarn (z.B. Gütermann extra stark), 30 cm Klettband (20 mm breit), normale Nähmaschine mit Jeans-Nadel, Schere, Feuerzeug, Tesafilm, Maßband

Nehmen Sie ein normales, gut verstellbares Halfter und passen Sie es Ihrem Pferd so an, dass es gut sitzt, weder zu locker noch zu fest. Von diesem Halfter nehmen Sie jetzt die Maße ab und schreiben sich auf, wie lang die einzelnen Teile im geschlossenen Zustand sein müssen – ohne die Beschläge. Die Abb. A hilft Ihnen bei der Orientierung (die Klettverschlüsse sind mit roten Pfeilen gekennzeichnet).
1: Genickstück, 2: Nasenriemen, 3: Backenstücke, 4: Kinnstücke, 5: Ganaschenriemen, 6: Kehlrinnenstück. Das Halfter sollte beim Zuschneiden und Nähen stets bereit liegen, damit Sie sich daran orientieren können.
Fast alle Einzelteile am Halfter bestehen aus doppelt gelegtem und miteinander versepptem Gurtband. Die Enden müssen sich ca. 5 cm überlappen (vgl. Abb. B). Sie werden mit einem Naht-Kreuz gesichert, in der Länge versteppen Sie die beiden Gurtbänder mit einer normalen Längsnaht (vgl. Abb. C).

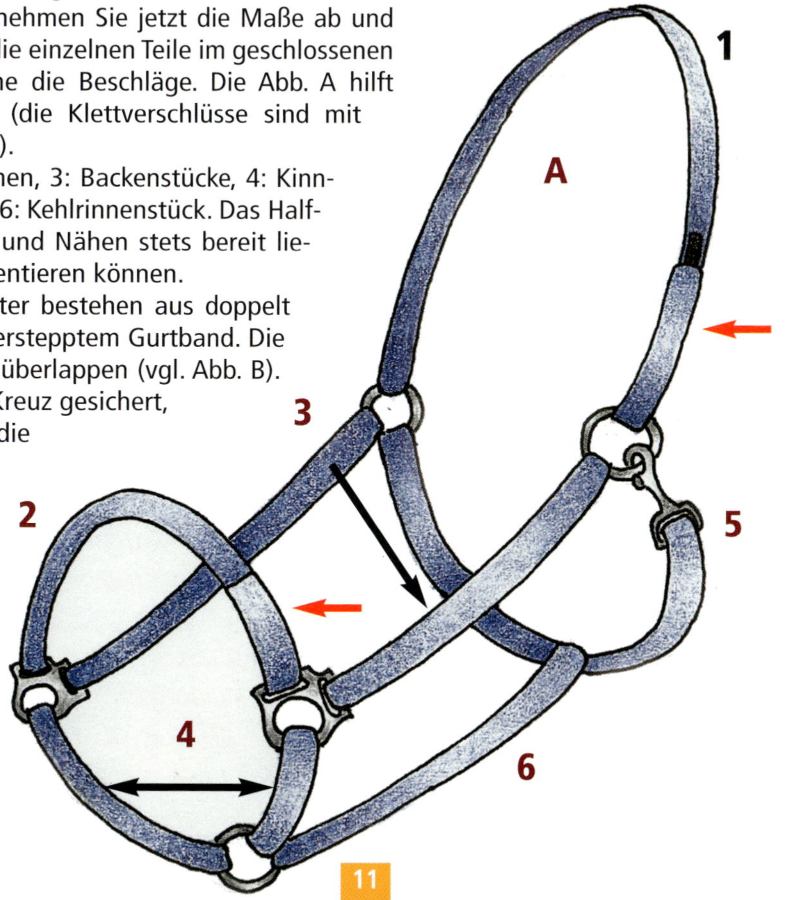

Halfter mit Klettverschlüssen

B

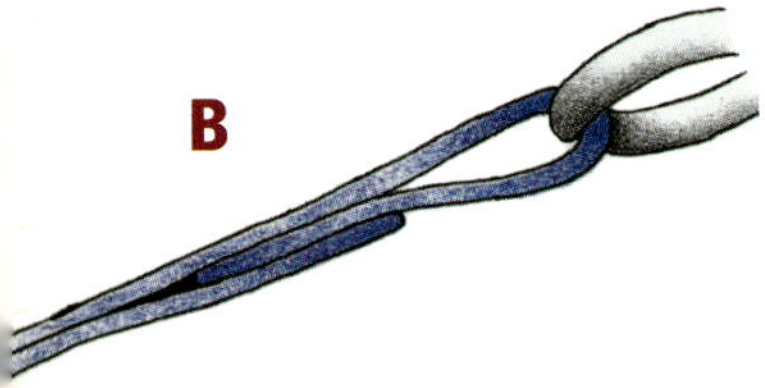

Die Überlappung

C

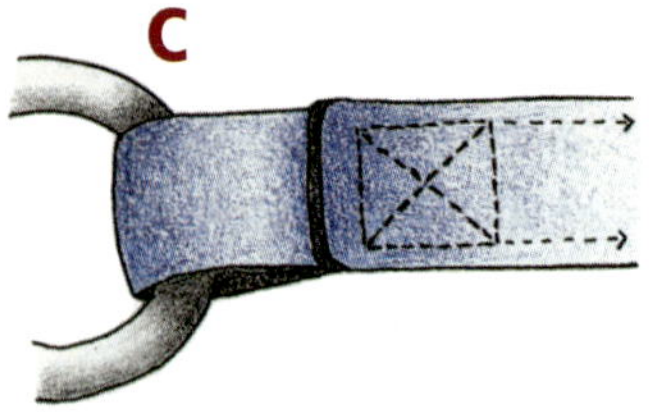

Das Nahtkreuz

D

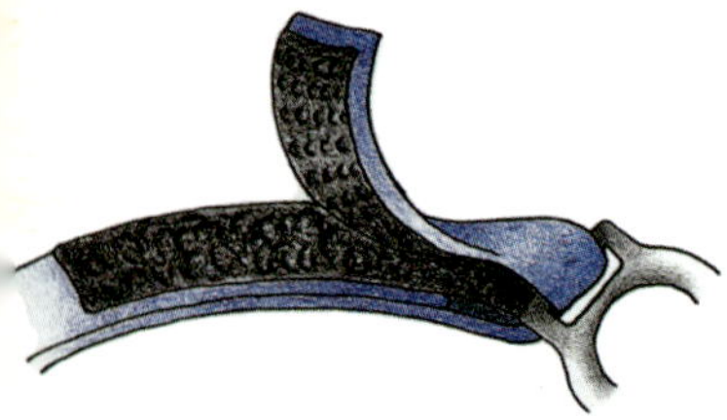

Das Klettband

Sie beginnen mit einem der beiden Backenstücke. Nehmen wir an, es soll 15 cm lang werden. Sie brauchen 2 x 15 cm (es liegt doppelt) + 5 cm (für die Überlappung) + 2 x 1,5 cm (pro Umschlag um einen Beschlag rechnet man 1,5 cm) = 38 cm Gurtband schneiden Sie sich für das Backenstück ab.
Die Formel noch mal in Kurzform: gewünschte Länge x 2 + 5 cm Überlappung + 1,5 cm für jeden Beschlag.
Die Enden des Gurtbandes müssen Sie versiegeln, damit sie sich nicht aufdröseln: Fahren Sie vorsichtig mit der Flamme des Feuerzeuges daran entlang (lüften!).
Nun legen Sie sich die benötigten Beschläge zurecht, gehen mit dem Gurtband hindurch, legen die beiden Enden übereinander und fixieren alles mit Tesafilm. Kontrollieren Sie immer noch einmal, ob die Länge stimmt! Das eine sichtbare Ende des Gurtbandes muss später außen liegen, denn es soll nichts reiben.
Wenn alles stimmt, nähen Sie dicht an den Außenkanten des Gurtbandes entlang. Sie können einfach über den Tesafilm drübernähen. Etwa 2 cm vor den Metallteilen müssen Sie »umdrehen«, so viel Platz braucht der Nähmaschinenfuß. An der Überlappung arbeiten Sie ein Nahtkreuz.
Auf diese Weise fertigen Sie beide Backenstücke und verbinden sie anschließend, indem Sie die beiden Kinnstücke und den Ganaschenriemen (einschließlich Haken) genauso herstellen. Dann kommt das Kehlrinnenstück, welches sich um den Ganaschenriemen herumschlingt. Nun arbeiten Sie das Genickstück mit dem Klettverschluss. Sie sehen an Abb. D, dass der raue Teil des Klettbandes nur auf eine Lage Gurtband genäht ist, der weiche Teil auf eine doppelte Lage Gurtband. Sie schneiden nach folgender Formel zu: gewünschte Länge x 2 (doppelte Lage) + 1,5 cm für jeden Beschlag + 12 cm für das Stück mit dem Klettband. Außerdem brauchen Sie 12 cm von dem rauen Klettband und 14 cm von dem weichen. Versiegeln Sie beide Enden des Gurtbandes und nähen Sie dann am einen Ende das raue Klettband auf. Führen Sie dieses Ende durch den Beschlag, der rechts liegt, wenn man auf die Pferdenase schaut, das andere durch den linken Beschlag. Legen Sie das Gurtband doppelt und das weiche Klettband so darauf, dass Sie den Klettverschluss schließen könnten. Fixieren Sie alles mit Tesafilm und kontrollieren Sie noch einmal sorgfältig die Länge. Zwischen weichem und rauem Klettband sollten etwa 3–4 cm Platz sein, damit Sie gut um den Beschlag kommen. Wenn alles stimmt, nähen Sie die beiden Lagen Gurtband zusammen und das weiche Klettband gleich mit. Den Nasenriemen nähen Sie genauso.

Das geflochtene Halfter

Auf dem Foto hat die dunklere Haflingerstute ein geflochtenes Halfter an, das sehr angenehm zu tragen ist, fast nichts wiegt und schnell aus preiswerter Wolle angefertigt ist. Das weiche Material reibt nicht und ermöglicht es auch, eine Wunde oder Scheuerstelle am Kopfbereich mit Gaze oder Mull vor Fliegen und Schmutz zu schützen – der Verbandsstoff wird einfach an die betreffende Stelle genäht oder gebunden. Das Halfter gibt dem Fransenstirnband oder der Fliegenmaske Halt und man kann ein Pferd schnell packen und festhalten. In Gefahrsituationen reißt die Wolle aber und gibt das Pferd frei. Ersatz ist rasch beschafft, denn die Flechtarbeit ist sehr einfach. Zum Führen und Anbinden sollten Sie sicherheitshalber ein kräftiges Halfter verwenden, wenn Ihr Pferd nicht sehr brav ist.

Ich beschreibe zunächst das Flechthalfter mit Ganaschen- und Kehlrinnenstück sowie Anbindering. Eine sehr schnelle, einfachere Form wird unter »Variationen« erläutert.

Für das Genickstück schneiden Sie sich von jeder Farbe 10 Fäden in einer Länge von 2,20 m zurecht. Wie Sie das schnell und einfach bewerkstelligen, sehen Sie auf S. 69 Abb.B.

Legen Sie alle Fäden zusammen und machen Sie nach etwa 25 cm einen Knoten, den Sie an einer Türklinke anbinden. Die Fäden sind anfangs noch sehr lang, rollen Sie jede Farbe zu einem kleinen Knäuel und sichern sie dies mit einem Haushaltsgummi. Nun beginnt das Flechten: Nehmen Sie den Strang, der am weitesten links liegt, und legen Sie ihn über den Strang rechts daneben, unter den nächsten und über den ganz rechts (vgl. Abb. A). Der Strang wird vorsichtig straff gezogen und bleibt rechts. Jetzt nehmen Sie den, der nun am weitesten links liegt und machen das Gleiche. Sagen Sie ruhig vor sich hin: darüber – darunter – darüber. So geht es immer weiter. Ziehen Sie die Strähnen nur so straff an, dass ein flacher, schön geformter Zopf entsteht (vgl. Abb. B). So flechten Sie das ganze Genickstück (bei einem Vollblut sind das etwa 90 cm), sichern Sie dann die Arbeit mit einem Gummi und fangen Sie das Nasenteil an. Hierfür benötigen Sie von jeder Farbe 10 Fäden in einer Länge von 1,50 m. Machen Sie einen Knoten nach etwa einem Drittel der Länge und flechten Sie genauso wie oben. Wenn die Länge des vorderen Nasenriemens erreicht ist (beim Vollblut etwa 32 cm), verbinden Sie Nasen- und Genickstück, wie es in Abb. C gezeigt ist: Die freien Fäden von Nasen- und Genickriemen werden jetzt gemeinsam weitergeflochten und zwar immer die gleichen

Sie benötigen:

4 verschiedenfarbige Knäuel von preiswerter Polyacryl-Wolle (nimmt kaum Wasser an und reißt gut), bitte keine Baumwolle, die ist sehr reißfest und saugt sich schnell mit Wasser voll, einige Haushaltsgummis, kräftiges Nähgarn, Schere, Wollnadel mit großem Öhr, Stopfnadel, Polyschnur aus dem Baumarkt, wenn Sie einen Ring an den Kinnstücken wünschen (siehe auch »Variationen«), ein Halfter, das Ihrem Pferd passt

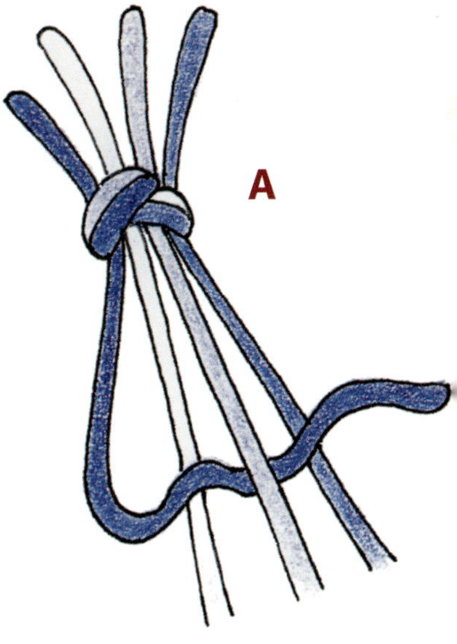
A

Kinderleicht: darüber, darunter, darüber

B

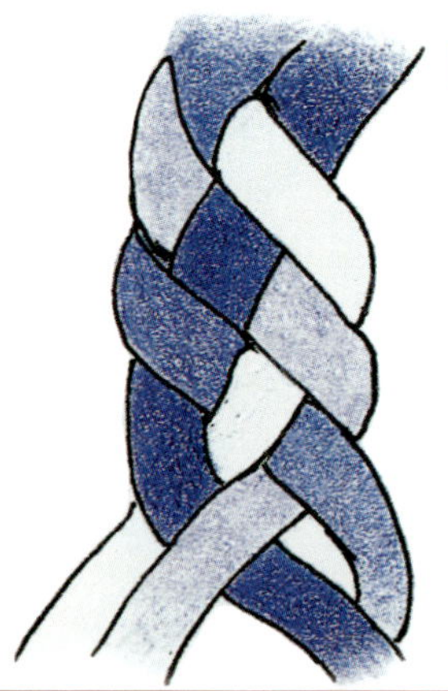

Der Zopf soll schön flach liegen.

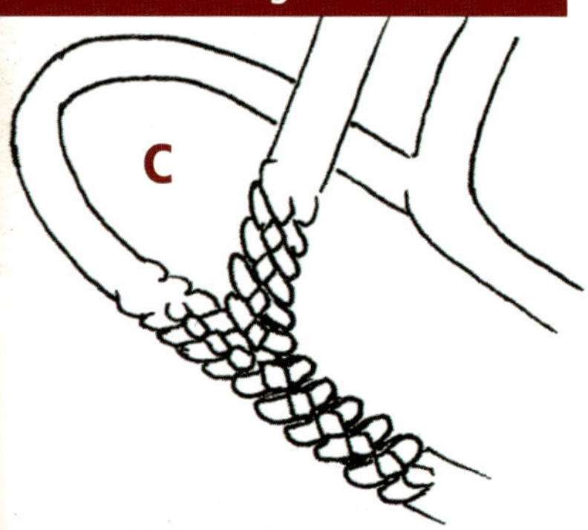

Nasen- und Genickstück werden zusammen weitergeflochten.

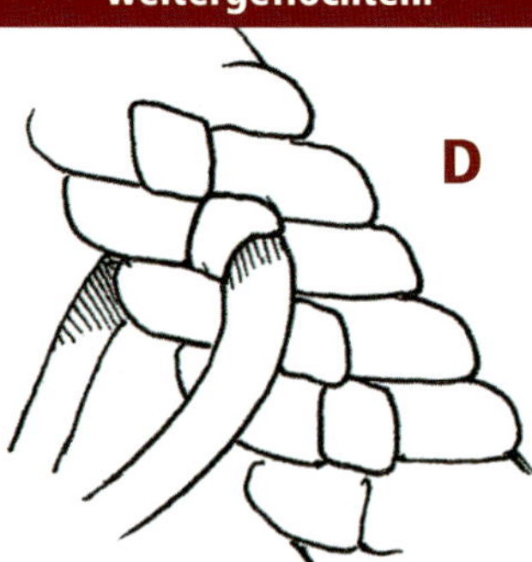

Befestigung des Ganaschenriemens

Farben zusammen, weiß zu weiß, blau zu blau, usw. Achten Sie darauf, dass Sie den Nasenriemen nicht verdrehen. Am besten legen Sie ein schweres Buch auf die fertigen Partien oder jemand hält Ihnen die Arbeit.
Ziehen Sie an der Verbindungsstelle die Strähnen schön straff, dann wird dieser Abschnitt nicht so dick. Nach und nach schneiden Sie nun 5 Fäden ab, flechten ein wenig, schneiden wieder 5 Fäden heraus – bis Sie wieder auf 10 Fäden pro Farbe sind. Wenn beide Kinnstücke die erforderliche Länge erreicht haben, werden sie mit einem Ring aus Polyschnur verbunden. Diesen arbeiten Sie wie die Ringe des Vorderzeugs auf S. 56 in 4 cm Durchmesser. Natürlich können Sie auch einen Metallring verwenden, aber dann ist das Halfter nicht mehr so gut waschbar. Nehmen Sie ein Kinnstück, ziehen Sie die losen Strähnen durch den Ring und machen Sie mit ihnen einen festen Knoten um den Kinnstück-Zopf. Die restlichen Fäden verstechen Sie mit der Wollnadel gründlich in der Kinnstück-Partie.
Drehen Sie nun aus einem Faden pro Farbe eine lange und eine kurze Kordel. Die lange führen Sie, wie es Abb. D zeigt, auf der rechten Seite durch die »Maschen« des Genickstücks. Sie dient als Ganaschenriemen und wird zum Verschließen einfach auf der anderen Seite durchgezogen und verknotet. Die kurze Kordel schlingen Sie um den Ganaschenriemen und knoten sie am Ring fest, sie wird das Kehlrinnenstück.

Variationen:

Dieses geflochtene Halfter wurde für ein Pferd angefertigt, das eine nässende Geschwulst am Unterkiefer hatte, dort druckempfindlich war, aber einen Verband für die Koppel benötigte. Mit dem Wollhalfter kam es gut zurecht, es ließ sich damit führen und der Verband wurde durch das Kehlrinnenstück gut fixiert.
Wenn Sie kein Ganaschen- und Kehlrinnenstück benötigen, sind Sie natürlich noch schneller fertig: Stellen Sie das Halfter nach der Form des Reisehalfters auf S. 36 her. Sie brauchen dann nur ein Genick- und ein Nasenstück. Arbeiten Sie dann das Genickstück etwas weiter hinten ein. Den Ring lassen Sie weg, stattdessen flechten Sie die Kinnstücke mit Hilfe der Wollnadel ineinander oder klappen sie einfach übereinander und nähen sie fest. Sie können dieses Halfter natürlich auch mit einem einfachen Dreierzopf flechten, das sieht ebenfalls sehr hübsch aus, nur legt sich ein Viererzopf flacher. Tipp: Kinder ab etwa 9–10 Jahren lieben solche Flechtarbeiten und führen sie meist sehr sauber aus. Wenn Sie eines mit geschickten Händen kennen, kann es leicht passieren, dass es Ihnen gleich drei Halfter flicht, wenn Sie ihm bunte Wolle geben.

Halfter mit Gummiband

Wenn Sie bei dem Sicherheitshalfter mit Klettverschluss oder einem beliebigen fertigen Halfter das Genickstück und das Nasenstück aus einem elastischen Material arbeiten, kann sich das Pferd beim Hängenbleiben schnell befreien (siehe Abbildung). Ein außerordentlich stabiles und gleichzeitig dehnbares Material ist 30 mm breites Miederband (in Stoff- und Nähbedarfsgeschäften erhältlich). Mit einem elastischen, großen Zickzackstich können Sie zwei Lagen Miederband miteinander versteppen (nachdem Sie es durch die Beschläge gefädelt haben). Sie erhalten dann ein stabiles Genick- oder Nasenstück, das sich nur auf wirklich kräftigen Zug hin dehnt. Der Nachteil: Alle Gummibänder weisen scharfe Kanten auf, die leicht zu Scheuerstellen führen. Sie müssen also Nasen- und Genickstück mit einem weichen Überzug versehen, wie er nachfolgend beschrieben wird.

Keine Panik – an dem roten Halfter sind Nasen- und Genickstück aus Gummiband (schwarz) gearbeitet: Sie geben nach und das Pferd kann sich befreien.

Sie benötigen:

Ein Stück Kunstpelz, dickes Fleece oder dicken Wollfilz (Größe siehe Schema), 25 bzw. 40 cm Klettband, Nähgarn, Schere, Nähmaschine, Lineal

Nasen- und Genickschoner

Viele Pferdebesitzer ärgern sich über die hässlichen Scheuerstellen, die oft über den Sommer am Kopf ihres Lieblings auftauchen, weil das Halfter reibt. Vor allem hochblütige Pferde schaben sich rasch das dünne Fell dort ab, wo Knochen direkt unter der Haut liegen. Nähen Sie doch einfach einen Überzug aus weichem Stoff, das geht ganz schnell und einfach. Häufig können Sie das Kunstpelzfutter einer alten Jacke »ausschlachten«, die Stoffgeschäfte schneiden Ihnen aber auch bereits 20 cm Stoff ab.

Weiche Teddystoffe schützen vor Scheuerstellen an Nase und Genick.

Schneiden Sie nach der Schemazeichnung den Stoff zu und nähen Sie das Klettband wie in der Abbildung angegeben auf. Die meisten Kunstpelze fransen nicht aus, falls doch, umnähen Sie die Kanten mit Zickzackstich. Wenn Sie den Überzug in der Waschmaschine waschen, sollten Sie die Klettverschlüsse vorher schließen, um Verfusseln zu vermeiden. Sie können mit einer Ledernähmaschinennadel sogar echtes Lammfell verarbeiten, das ist ein edles und sehr hautfreundliches Material.

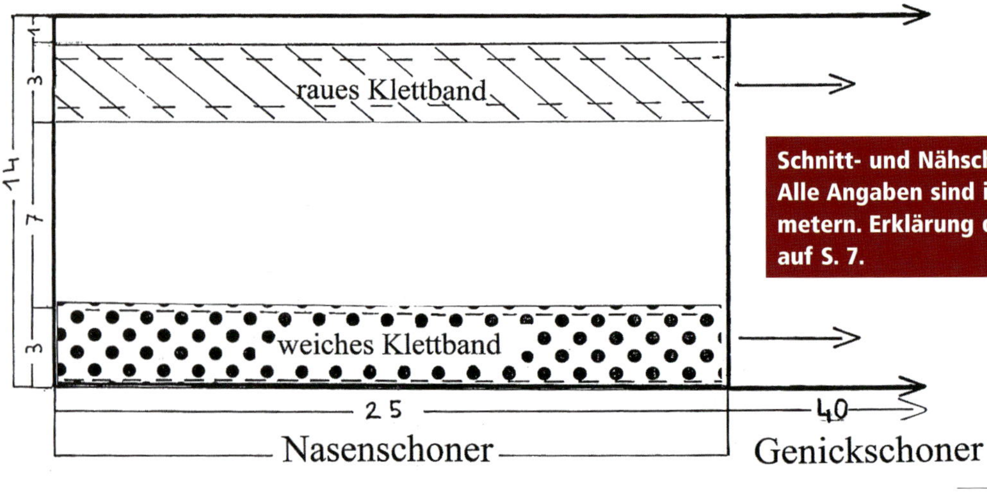

Schnitt- und Nähschema Alle Angaben sind in Zentimetern. Erklärung der Linien auf S. 7.

Sonnenschutz für Pferdenasen

Sie benötigen:

Einen Stoffrest von 30 x 26 cm, 24 cm Klettband (30 mm breit), Nähgarn Bleistift, Lineal, Stecknadeln oder Tesafilm, Schere, Nähmaschine (oder kräftige Handnähnadel und Fingerhut)

Wer ein Pferd mit rosa Maul, einer langen Blesse oder einer »Schnippe« auf der Nase besitzt, weiß um die Sonnenbrandgefahr, die im Sommer auf der Koppel besteht. Eigentlich müsste man morgens die Nase mit fester Sonnencreme einreiben – aber die meisten Pferdebesitzer haben dazu keine Zeit und Gelegenheit. Viel einfacher und sicherer ist ein Sonnenschutz aus einem festen Stoff, der blitzschnell genäht ist und das Pferd nicht beim Fressen stört. Er wird einfach um den Nasenriemen des Halfters geklappt und mit Klettband befestigt. Wenn Sie noch eine alte Jeans im Schrank haben, können Sie die gut verwenden. Nehmen Sie einen Stoff, der nicht oder wenig ausfranst. Er darf auch nicht zu dünn sein, sonst zieht er sich beim Einatmen in die Nüstern des Pferdes.

Schneiden Sie das Stoffstück nach der Schemazeichnung zu und zeichnen Sie sich Markierungslinien für das Klettband auf. Stekken oder kleben Sie die beiden Seiten des Klettbands auf die dafür vorgesehenen Stellen und nähen Sie es fest.

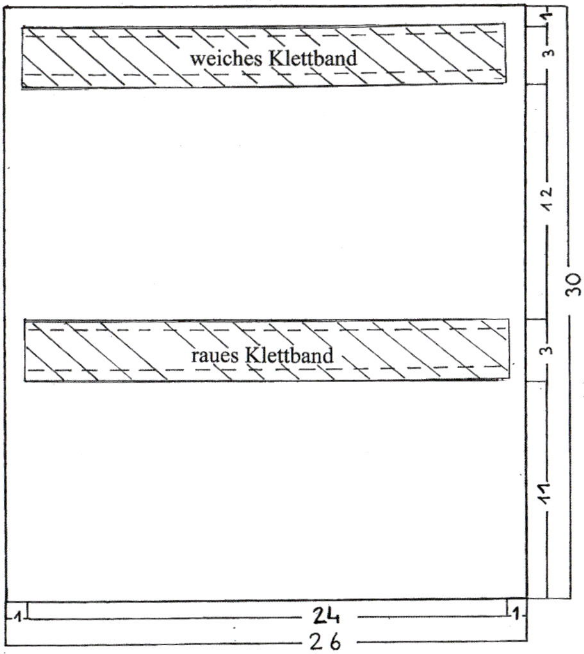

Schnitt- und Nähschema für den Sonnenschutz. Alle Angaben sind in Zentimetern. Erklärung der Linien auf S. 7.

Schluss mit Sonnenbrand auf empfindlichen Nüstern.

Mückenschutz zum Mitnehmen

Auf längeren Ausritten, Orientierungsritten oder auf dem Wanderritt hätte man gerne das Fliegenmittel für das Pferd dabei, möchte aber nicht die große Sprühflasche mitschleppen. Ein leerer Deo-Roller, wie man ihn in Läden oder bei Online-Versendern für selbst gemachte Kosmetik bekommt, löst das Problem sehr elegant:

Mit einigen großzügigen Strichen ist der »Duftmantel« des geplagten Vierbeiners schnell erneuert, ohne dass man selbst die stark riechende Flüssigkeit an die Hände bekommt.

Der Roller läuft nicht aus, er ist so klein, dass er in jede Sattel- oder Jackentasche passt und er fasst genau die Menge, die man für zwei bis drei Tage benötigt, um den Fliegenschutz ab und zu zu erneuern.

Es gibt bei den gleichen Anbietern auch kleine, handliche Zerstäuberflaschen.

Schnell und sauber trägt der Rollspender Fliegenschutzmittel auf.

Die kleinen Helfer für Stallschrank und Reise

Um Freund Pferd gesund, fit und bei Laune zu halten, besitzen viele Pferdehalter zahlreiche Pflegeprodukte und Nahrungszusätze. Um sie sicher aufzubewahren oder auf eine reisetaugliche Größe zu bringen, gibt es nützliche Artikel aus dem Outdoorbedarf oder der Apotheke:

- Staub- und wasserdichte **Schraubdosen** aus lebensmittelechtem Plastik (links hinten und vorne) oder aus durchsichtigem Nalgene (zweite von links, hinten) nehmen Nahrungsergänzungen mäusesicher auf und schließen sehr gut.
- Wenn Mäuse kein Problem sind, kann man Zusatzfuttermittel auch in wiederverschließbaren **Druckverschlussbeuteln** (rechts vorne im Bild) aufbewahren. Es gibt sie preiswert im Hunderterpack. Wenn Ihr Pferd verschiedene trockene Nahrungszusätze (Kräuter, Mineralfutter, Medikamente) benötigt und Sie die Geduld des Stallpersonals nicht überstrapazieren wollen: Messen Sie zu Hause alles ab und füllen Sie die Tagesration in einen Beutel.
- Kleine Mengen von allen Cremes und Salben, die man vielleicht unterwegs benötigen könnte, kann man ausgezeichnet in **Apothe-.kerdöschen** (mit rotem Deckel) abfüllen. Das kleinste fasst 6 ml, so kann die Reiseapotheke vielfältig bestückt werden. Es gibt sie auch mit verschiebbarem Boden und Extra-Schraubtülle (rechte Seite, Mitte), was eine sehr saubere Entnahme der Creme oder Lotion ermöglicht.
- Die **Weithalsflaschen** (in der Mitte des Bildes) gibt es rund oder eckig und in allen denkbaren Größen. Sie sind leicht zu befüllen und zu reinigen und bewahren alle möglichen Pflegeprodukte für Ross und Reiter auslaufsicher auf. Auch Futteröle oder Apfelessig können darin gut transportiert werden.
- Der **Deoroller** und die kleine **Sprühflasche** (rechts im Hintergrund) sind ideal für das Fliegenmittel.
- Selbst befüllbare **Plastiktuben** (ganz vorne) erleichtern die schnelle und saubere Entnahme von Pflegemitteln und Fluids, z.B. für Ekzempferde. Eigentlich wurden sie für das Trekking entwickelt, um Honig und Marmelade ohne Schmiererei mitnehmen zu können. Auf dem Wanderritt bewähren sie sich natürlich auch zu diesem Zweck.

Bezugsquellen finden Sie im Anhang.

Solche praktischen Behälter erleichtern das Leben.

Die pfiffige Tasche fürs Training

Gut, wenn man so eine praktische Ablage hat!

Vermutlich standen Sie auch schon vor diesen Schwierigkeiten: Wer hält mal schnell das Pferd, weil man nun doch das Martingal, die Sporen oder die Handschuhe braucht und holen muss? Niemand ist da, der einem die Dressuraufgabe lesen kann – wo legt man das Buch hin, damit man zwischendurch reinschauen kann? Und haben Sie nicht auch schon mal während einer anstrengenden Trainingseinheit sehnsüchtig an Ihre Trinkflasche im Auto gedacht?

Für all diese Probleme stellt diese durchdachte Tasche die Lösung dar. Sie bietet Platz für Hilfszügel, Helm und alles, was Sie eventuell so brauchen. In den aufgesetzten kleinen Taschen sind Handy, Schlüssel und Geldbeutel stets griffbereit. Die Tasche verschafft Ihnen sogar eine sichere »Liegefläche« für das Aufgabenheft der LPO, eine Parcoursskizze oder ein Lehrbuch, nach dem Sie eine neue Lektion erarbeiten möchten. Die Trinkflasche kann dank eigenem »Abteil« nicht mehr umfallen. An einem Hindernisständer, wie er in fast jeder Halle herumsteht, sicher aufgehängt, ist die Tasche nicht im Weg und erlaubt den Zugriff vom Pferd aus. Auf dem Weg zum Stall hängt man sie sich über die Schulter und hat beide Hände frei. Da bewusst auf knifflige Details wie Reißverschlüsse etc. verzichtet wurde, ist sie leicht und schnell zu nähen.

Zeichnen Sie sich nach dem Schnittschema alle Linien und Markierungen mit Schneiderkreide direkt auf den Stoff, und zwar auf die rechte Seite. Wenn Sie einen gestreiften oder karierten Stoff verwenden, müssen Sie auf die Übereinstimmung des Musters an den Kanten achten. Bei den aufgesetzten Taschen sieht es interessant aus, wenn das Muster eine andere Richtung hat. Schneiden Sie alle Teile zu. Markieren Sie sich bei den langen und kurzen Seitenteilen auch auf der linken Seite die Stepplinien (gestrichelte Linie), dann haben Sie es beim Nähen leichter. Bei einem ausfransenden Stoff sollten Sie die Ränder aller Stoffteile vor dem Nähen mit dem Zickzackstich versäubern.

Fassen Sie die Kanten der Handy- und Geldbeuteltasche mit Einfassband ein. Stecken Sie die Täschchen auf die entsprechenden Markierungen der Seitenteile und nähen Sie sie an drei Seiten mit einer doppelten Naht fest. Stecken Sie nun die Seitenteile

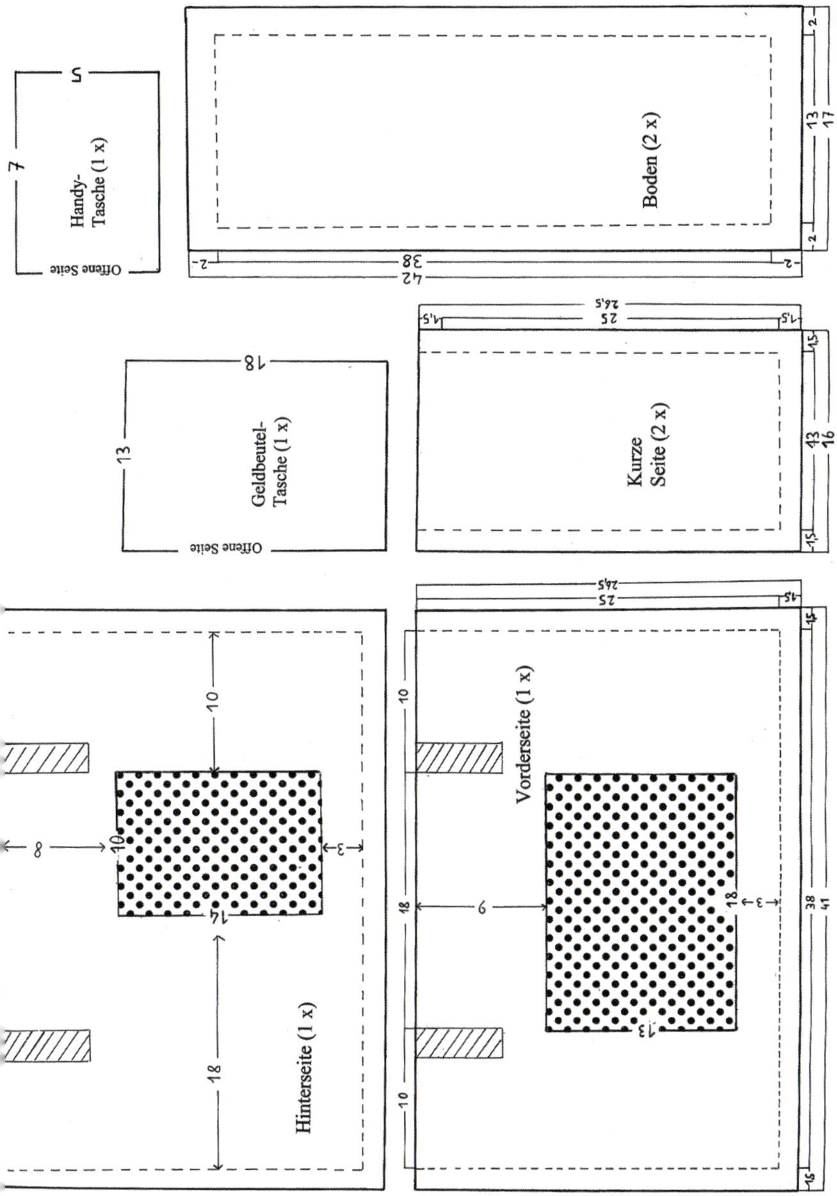

Schnitt- und Nähschema. Alle Angaben sind in Zentimetern. Erklärung der Linien und Zeichen auf S. 7.

Sie benötigen:

Robusten Stoff, geeignet ist Möbel- oder Jeansstoff: 0,5 m bei einfarbigem, bei gemustertem muss man etwa 50% mehr rechnen (am besten Schnittteile mitnehmen zum Einkauf)
3 m Einfassband,
175 cm Gurtband,
Nähgarn, alles farblich passend,
Reststück (11 x 36 cm) festen Schaumstoff für den Boden, ca. 1,5–2 cm dick,
Stück Filz (18 x 20)
Nähmaschine, Schere, Maßband, Lineal, Papier, Schneiderkreide, Bleistift, Stecknadeln

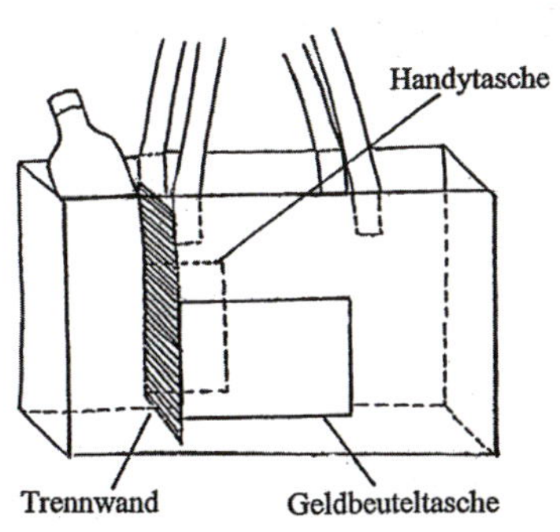

So ist die Tasche aufgebaut.

Die Tasche ist ein echter »Allrounder« für Reiter.

entlang der markierten Linien aneinander fest (die linke Seite ist außen/oben) und nähen Sie entlang der Markierungen mit dem Dreifachstich Ihrer Nähmaschine. Wenn die Maschine keinen solchen Stich besitzt, steppen Sie die Nähte einfach doppelt. An der oberen Taschenkante müssen Sie darauf achten, dass Sie mindestens einmal vor- und zurücksteppen. An der unteren Kante nähen Sie nur bis zur markierten Stepplinie, nicht über die untere Nahtzugabe.

Schneiden Sie das Schaumstoffstück für den Boden zu, es muss 36 x 11 cm groß sein. Legen Sie es so zwischen die beiden Bodenteile, dass Sie auf beiden Seiten auf eine rechte Seite schauen, hier wird nichts mehr gewendet. Stecken und nähen Sie entlang Ihrer markierten Stepplinien den Schaumstoff ein.

Nun stecken Sie den Boden an Ihrem fertigen Taschenteil fest, das Taschenteil ist immer noch auf links gedreht. Die Stepplinien des Bodenteils kommen auf die unteren Markierungen für die Stepplinien der Seitenteile. Nähen Sie den Boden an. Passen Sie dabei auf, dass Ihnen nicht der Stoff der Tasche aus Versehen unter die Nadel rutscht.

Fassen Sie den oberen Rand mit Einfassband ein. Schneiden Sie vom Gurtband zwei Stücke von 87 cm ab und nähen Sie sie so als Träger an die Tasche, dass Sie an beiden Enden jeweils 6 cm gut innen festnähen, der eigentliche Träger ist dann also 75 cm lang. Zwischen den Trägern sollte 18 cm Platz sein. Damit die Flasche nicht umfallen kann, wird ein Stück Filz innen so mit einigen Handstichen eingenäht (nutzen Sie die Nahtlinien der aufgesetzten Taschen als Orientierung), dass ein kleines »Flaschenabteil« entsteht. Der Filz soll so breit stehen bleiben, wie der Boden ist (13 cm) und 2 cm Nahtfläche auf jeder Seite haben. Unten wird er nicht festgenäht.

Tricks und Kniffe:

Textilkleber hilft bei den mit Nahtband einzufassenden Ecken.

Wenn Sie keine Nähmaschine besitzen, fragen Sie doch eine nette Bekannte/Verwandte, ob Sie Ihnen die Nähte steppt. Wenn Sie die Arbeitsschritte vorher gewissenhaft erledigt haben, ist das Nähen sehr schnell gemacht. Versäubern Sie in diesem Fall die Kanten eben nach dem Nähen, das geht auch.

Das Pferdeäpfel-Wegräumset

Fast jeder Reiter steht irgendwann vor dem Problem: Der vierbeinige Freund hat Ballast abgeworfen und nun liegt ein Haufen Pferdeäpfel direkt vor einer Einfahrt oder auf dem eben gekreuzten Bürgersteig. Ignorieren oder wegräumen? Das Liegenlassen bringt uns Reitern nicht eben Sympathien ein. Die duftenden Haufen sind ein echtes Ärgernis für Radfahrer oder Eltern mit Kinderwagen. Wie aber entsorgen? Das kleine handliche Pferdeäpfelset passt in jede Jackentasche und befreit aus dieser misslichen Lage.

Es besteht aus einem kleinen Flachbeutel aus robustem Polyester, in dem sich Einmal-Handschuhe, einige 5-Liter-Müllbeutel mit Griffen und einfache, zusammengefaltete Pappteller befinden. Ein kleiner, kräftiger Reisigbesen ist nicht unbedingt nötig, aber hilfreich. Man kann die Äpfel mit den Handschuhen schnell in den Müllbeutel sammeln. Die Pappteller und evtl. der Besen kommen zum Einsatz, wenn die Hinterlassenschaft eher unförmig-nass geraten ist. Die Müllbeutel lassen sich bequem bis zum nächsten Mülleimer tragen und dort entsorgen.

Schafft Sympathien bei Fußgängern: das Pferdeäpfel-Wegräumset.

Kleiner Gertenhalter

Haben Sie auch schon mal im Sand der Reithalle nach Ihrer Gerte gesucht, weil Sie eine Hindernisstange wieder aufgelegt oder sich die Jacke ausgezogen haben? Draußen ist es noch unangenehmer, wenn man sie beim Kartenlesen oder Nachgurten verliert, denn oft fällt sie mitten in den Matsch. Auf der anderen Seite möchten viele sie als Mittel der Hilfengebung nicht missen und ich persönlich finde sie sehr nützlich, um Fliegen zu vertreiben oder Brombeerranken aus dem Weg zu halten. Viele Pferde mögen es gar nicht, wenn man sie unters Sattelblatt klemmt, weil sie sich angetrieben fühlen. Ein schnelles und unkompliziertes »Parken« der Gerte ermöglicht die im Foto gezeigte Konstruktion: Ein Gummiband wird direkt unter dem Griff so festgeknotet, dass sich eine kurze Schlaufe bildet. Ein kleiner Leichtkarabiner aus Kunststoff wird am Anfassriemen oder vorne an den Ösen des Sattels eingehakt. Wenn man die Gerte verwahren möchte, klinkt man den Karabiner in die Schlaufe ein. Das geht fix. Die meisten Pferde akzeptieren die lose hängende Gerte an der Schulter ohne weiteres.

Kleine Mühe mit großer Wirkung: Die Gerte liegt endlich nicht mehr im Dreck.

Sancho liebt Wasser über alles – sein wertvoller Ledersattel hingegen gar nicht.

Der Sattel-Regenschutz

Viele moderne Wanderrucksäcke haben ein kleines Reißverschlussfach, in dem sich eine Regenhülle verbirgt, die man bei einem Schauer schnell über den Rucksack streifen kann. So etwas wünscht man sich auch für den Sattel, denn oft steigt man im Regen nicht gerne ab, weil sich dann das Leder mit Wasser voll saugt und man einen nassen Popo bekommt, wenn man wieder aufsitzt. Wenn man aber nun schon drei Stunden unterwegs ist? Wenn man an die stark befahrene Bundesstraße kommt und viel lieber führen würde? Viele Wanderreiter haben nicht nur einen Poncho für sich, sondern auch einen für Sattel und Pferd dabei. Der Poncho muss aber irgendwie festgeklemmt werden, löst sich dann gerne im unpassendsten Moment (z.B. auf der Autobahnbrücke) und durch das Kragenloch tropft der Regen auf die Sitzfläche des Sattels. Lernen wir doch von den Wanderern: Ein Sattel-Regenschutz ist schnell gemacht und bewahrt einen vor nassen Kehrseiten und im Wind herumflatternden Notbehelfen. Zudem kann er bei heftigen Schauern auf einem Wanderritt das Gepäck davor schützen, völlig durchweicht zu werden. Das Material ist ein leichter Regen-Cretonne (mit Naturkautschuk beschichteter Baumwollstoff), der sehr gut fällt, leicht zu verarbeiten ist und sich klein zusammenrollen lässt. Sie können aber auch einen alten Regenmantel oder einen nicht zu dicken Duschvorhang verarbeiten, nur müssen Sie dann alle zusätzlichen Nähte sorgfältigst abdichten (siehe S. 37).

Platzierung der Befestigungen auf der Stoffrückseite.

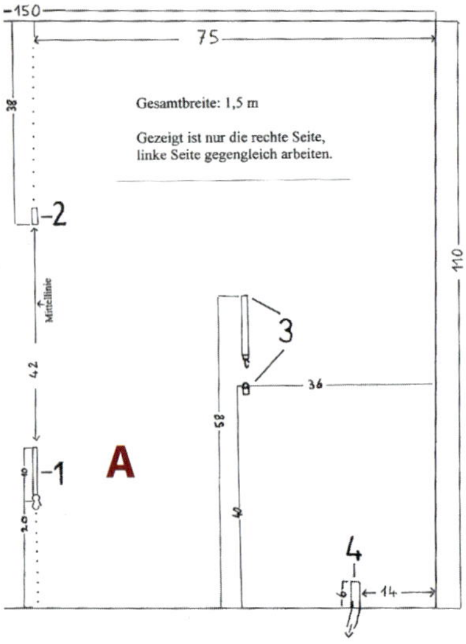

Die hier angegebenen Maße passen für einen Englischsattel mit langen Trachten, auf dem auch manchmal kleine Packtaschen verschnallt sind. Wenn auch große Mantelsäcke und Packtaschen darunter passen sollen, kein Problem – verlängern Sie den Schnitt einfach. Das Gleiche gilt, wenn der Regenschutz so lang werden soll, dass er die Kruppe Ihres Pferdes bei einer Pause auf dem Wanderritt mit abdecken soll (arbeiten Sie dann einen Schweifriemen mit ein). Umgekehrt können Sie Stoff sparen, wenn Sie nie Gepäck am Pferd haben.

Schneiden Sie sich den Stoff zurecht, wenn nötig. Aus der Abb. B ersehen Sie, dass der fertige Regenschutz an vier Stellen des Sattels fixiert werden kann. Alle Befestigungen werden auf der unbeschichteten Rückseite des Stoffes aufgenäht. Normalerweise brauchen Sie nur 1 und 2, aber bei heftigem Wind werden Sie um die Punkte 3 und 4 froh sein. Für Punkt 2 nähen Sie ein 62 cm langes Stück Nahtband in der Mitte fest, sodass sich eine Nahtfläche von 3 cm ergibt. Wo auf dem Stoff Sie das Bindeband festnähen müssen, zeigt Ihnen die Abb. A. Dieses Band wird später an der Schweifriemenhalterung festgebunden und verbleibt so im aufgerollten wie im offenen Zustand der Regendecke. Punkt 1 besteht aus 15 cm Gummiband, das um den Leichtkarabiner geschlungen und dann zusammengenäht wird. Anschließend nähen Sie es auf die Rückseite des Stoffes wie in der Schemazeichnung angegeben. Wenn Sie Ihren Regenschutz öffnen, haken Sie den Leichtkarabiner am Halteriemchen ein. Damit die Seiten nicht hoch wehen können, werden bei Punkt 3 Gummibänder unter den hochgezogenen Steigbügeln (bei Körbchenbügeln unter den Riemen) durchgeführt und in die D-Ringe eingeklinkt. Wie Sie Punkt 3 nähen, ersehen Sie aus Abb. B. Zum Schluss wird noch vorne auf beiden Seiten je 1 m Nahtband angenäht, das bei heftigem Wind vor der Brust des Pferdes geschlossen werden kann.

Für Westernsättel: Im Prinzip wird der Regenschutz für einen Westernsattel genau so genäht. Die Gummibänder von Punkt 3 müssen Sie allerdings etwas verlängern, damit sie unter den Fendern durchpassen. Statt des Karabiners bei Punkt 1 nähen Sie sich hier eine Schlaufe aus ca. 40 cm Gummiband fest, die Sie um das Horn schlingen können. Wenn Sie keine Schweifriemenhalterung am Sattel haben, nähen Sie sich eine kleine Lasche aus Gurtband aufs Pad.

Hinweis: Es gibt auch Wasser abweisende Sattelschoner mit Gummizug zu kaufen. Allerdings leiten sie das Wasser verstärkt in die Satteldecke, die sich dann schnell voll saugt. Zudem lösen sie sich manchmal durch die Bewegung des Pferdes oder bei Windböen, und es passt kein Gepäck darunter. Wenn der Schutzüberzug aber sehr gut auf Ihren Sattel passt und Sie nie Gepäck dabeihaben, kann das eine denkbare Lösung für Sie sein.

Sie benötigen:

1,10 m wasserfesten Stoff, 150 cm breit, 90 cm Gummiband (16 mm breit), 3 m Nahtband (20 mm breit), Nähgarn, 2 D-Ringe, 2 kleine Schnapp-Karabiner, Leicht-Karabiner (6 cm lang) aus dem Bergsteigerbedarf, Schere, Bleistift, Lineal, Nähmaschine, Stecknadeln

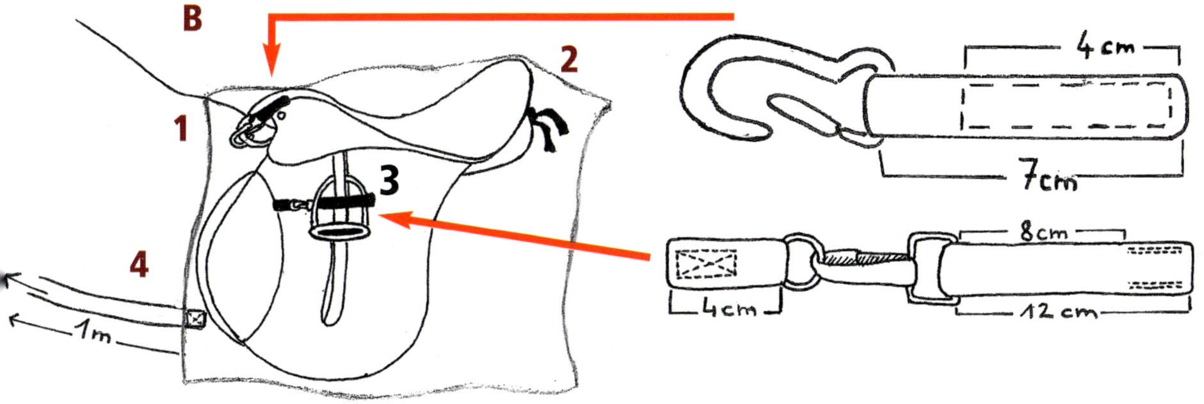

2. Pferd und Reiter unterwegs

Na, welchen Weg wollen wir jetzt nehmen? Ein langer Ausritt mit Freunden oder allein ist für viele das Schönste am Reiten. Auch Wander-, Orientierungs- und kleine Distanzritte werden immer beliebter. Wenn man draußen unterwegs ist, sollte man bestimmte Dinge immer dabei haben – und Notfallpäckchen, Taschenmesser, Halfter und Handy muss man irgendwo verstauen. Wer nicht gerade auf einen langen Wanderritt gehen möchte, braucht dafür keine große Satteltasche, die ja auch nicht billig ist. Hier finden Sie viele pfiffige Ideen, die das Transportproblem lösen. Auch fürs Anbinden unterwegs gibt es durchdachte Ausrüstungsvorschläge.

In diesem Kapitel

Diese Zügel werden auch im Winter nie glitschig oder steif.

A

... und binden mit dem Karabiner auch kleine Rüpel sicher an.

B

Zügel-Anbindestrick-Kombination

Selbst gemachte Zügel sind an sich nichts Besonderes. Solche, an denen Sie zur Not ein Auto abschleppen könnten, schon. Bei der hier gezeigten Kombination stand der Wunsch im Vordergrund, Zügel zu besitzen, die sich bei jedem Wetter gut und angenehm greifen lassen, schnell zu befestigen sind und auch als sicherer Anbindestrick dienen – selbst für ein noch recht ungebärdiges Pferd. Bei dem Material der Zügel handelt es sich um Bergsteigerseil, das 22 kN aushält, das entspricht einer Gewichtskraft von 2,2 t. Die Zügelschnapphaken (Snaps) erlauben ein schnelles Ein- und Ausklinken an den Gebissringen (vgl. Abb. A), sind allerdings zum Anbinden nicht geeignet. Diese Aufgabe übernimmt der Karabiner, der schnell in eine der Schlaufen eingehakt ist und 30 kN aushält. Er ist etwa 11 x 6 cm groß, wiegt gerade mal 60 g und weist eine Schraubsicherung auf, wie Sie in Abb. B sehen können. Meine Zügel sind – fertig genäht – 3,40 m lang, das ist sehr angenehm, wenn Sie oft steilere Abhänge oder Gräben mit dem Pferd an der Hand bewältigen. Überprüfen Sie bitte Ihre persönliche Ideallänge, bevor Sie den zweiten Snap fest einnähen, vielleicht sind Ihnen 3 m lieber.

Verschmoren Sie die Enden des Seils, damit es sich nicht aufdreht. Führen Sie ein Ende durch die Öse eines Snaps und klappen Sie es etwa 9 cm um. Nun nähen Sie über eine Länge von 4 cm die beiden Seilstücke gegeneinander, wie es Abb. C zeigt. Es ist nicht einfach, die Nadel durch das feste Seilmaterial zu treiben. Am besten verwenden Sie dafür eine harte Unterlage (Glastisch, Kachel, Hartholzbrett), der Kratzer nichts ausmachen. Schieben Sie die Nadel so weit wie möglich in das Seilende, setzen Sie dann das Öhr auf die harte Unterlage und drücken Sie das Seil nach unten. Wenn Ihnen die Nadel aus den Fingern rutscht, ziehen Sie Lederhandschuhe an, ruhig Ihre Reithandschuhe, dann haben Sie einen besseren Griff. Wenn Sie die Schlaufe gut festgenäht haben, »verstecken« Sie die Stiche, indem Sie die Nahtstelle in ganzer Länge mit dem Garn straff um-

wickeln (siehe Abb. D) und zwischendurch immer wieder ein paar Sicherungsstiche machen. Zum Schluss verwahren Sie den Faden in den Wicklungen.
Das Nähen ist zwar recht mühsam, aber ganz einfach und es lohnt sich: Sie erhalten sehr dauerhafte Zügel, an denen Sie viele Jahre Freude haben werden. Achtung: Schraubsicherungen an Kletterkarabinern nie ganz zudrehen, nach einer extremen Zugbelastung bekommen Sie sie sonst nicht mehr auf. Mehr zu Bergsteigerkarabinern auf der Homepage.

Sie benötigen:

3,60 m Kern-Mantel-Kletterseil (10,5–11 mm dick), 2 Snaps (achten Sie darauf, dass die Öse so groß ist, dass das Seil durchpasst), Karabiner mit Schraubsicherung, festen Zwirn, lange, schlanke Leder- oder Handwerkernadel, Feuerzeug, Schere, harte Unterlage, evtl. Lederhandschuhe

C

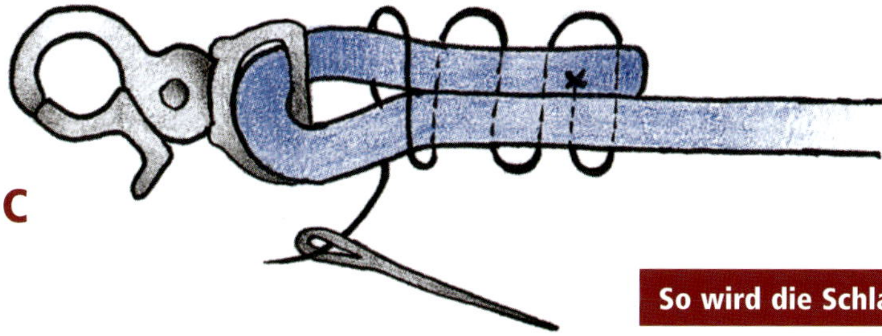

So wird die Schlaufe genäht.

D

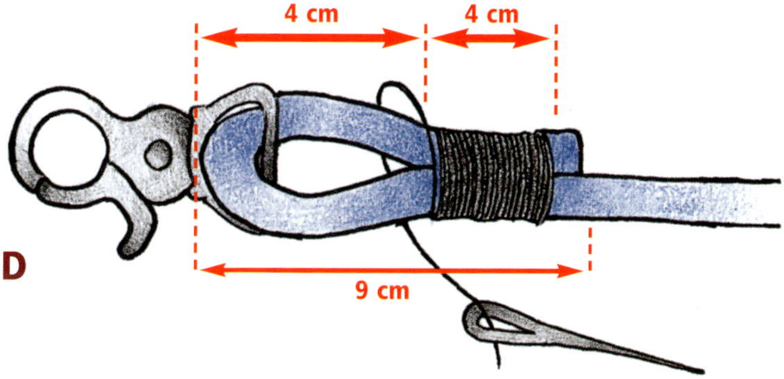

Die Nahtstelle wird durch Umwickeln versteckt.

Ein Wort zum Anbinden:

Man kann trefflich darüber streiten, ob Halfter bzw. Strick eines angebundenen Pferdes im Fall einer Panik reißen sollen oder nicht. Ich finde, es kommt ganz darauf an, wo das Pferd steht. Wenn ich im Notfall einmal mein Pferd nahe einer viel befahrenen Straße anbinden muss, bin ich dafür verantwortlich, dass es sich nicht losreißen und auf die Straße laufen kann. Die Gefahr, dass es sich aufregt und sich Zerrungen zufügt, wiegt in diesem Fall geringer als das Risiko, dass durch einen Unfall Menschen- und Pferdeleben zu Schaden kommen. Raste ich hingegen mit anderen Reitern in der Gruppe, kann ich ganz leicht mit einem Stückchen Kordel eine Soll-Reißstelle zwischen Karabiner und Halfter einfügen. Wenn sich das Pferd mal verheddert und losreißt, wird es kaum von den anderen weglaufen und die Ausrüstung bleibt unbeschädigt.

Satteldecke mit eingenähten Taschen

So haben Sie das Nötigste stets griffbereit, auch wenn Sie keinen einzigen Packring am Sattel haben.

Satteldecken mit Taschen sind sehr praktisch, weil man allerlei Kleinkram mitnehmen kann und doch keine Satteltaschen braucht. Sehr wulstige aufgesetzte Taschen sehen allerdings oft nicht gut aus, vor allem wenn sie leer traurig herabhängen. Bei diesem Modell sind die Taschen eingenäht, werden mit einem Reißverschluss verschlossen und fallen optisch kaum auf. Die Taschendecke selbst ist ungepolstert und wird stets zusammen mit einer Unterdecke verwendet. Das kann eine ganz normale gesteppte Decke oder – wie hier – eine ebenfalls selbst genähte, dicke Wolldecke sein. Viele erfahrene Wander- oder Distanzreiter verwenden grundsätzlich mehrere Deckenschichten bei längeren Ritten. Die auftretende Reibung verlagert sich dann zwischen die beiden Decken und tritt nicht mehr zwischen Decke und Pferderücken auf. Die Unterdecke kann schnell gewechselt werden, wenn sie verschwitzt oder verdreckt ist.

Legen Sie das Stoffstück auf den Rücken Ihres Pferdes und achten Sie darauf, dass beide Seiten gleich lang herunterhängen. Stecken Sie nun die Decke so ab, dass der Verlauf der Stecknadeln der Rückenlinie Ihres Pferdes exakt folgt (vgl. Abb. A). Zeichnen Sie die Linie mit Schneiderkreide auf beiden Seiten nach und schneiden Sie an Ihr entlang die beiden Hälften der Satteldecke zu. Nur diese Schnittkanten versäubern Sie dann mit

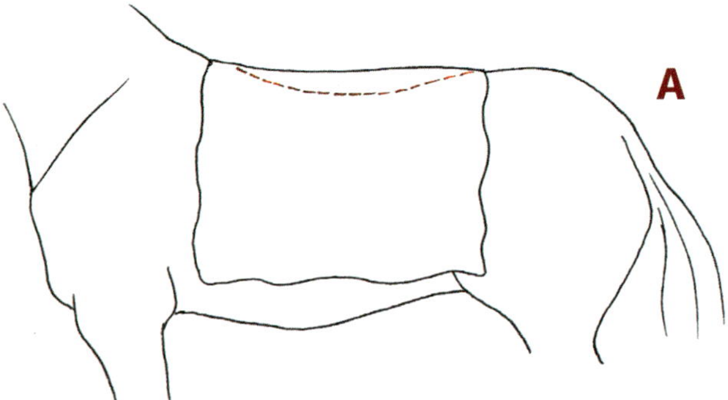

A

Der Schnitt wird anatomisch ans Pferd angepasst.

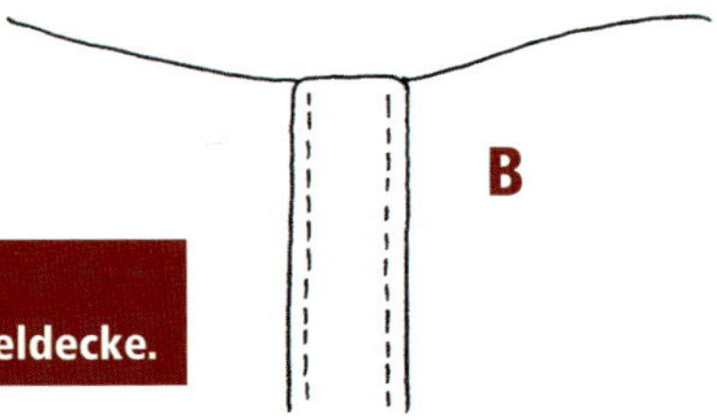

B

So vermeidet man dicke, auftragende Kanten: Nahtband verbindet die beiden Hälften der Satteldecke.

Zickzackstich. Machen Sie sich nun für das Unterteil einen Papierschnitt aus Zeitungs- oder Packpapier mit der Rückenlinie Ihres Pferdes. Jetzt legen sie die beiden Hälften mit der rechten Stoffseite nach oben so vor sich hin, dass die versäuberten Kanten aneinander stoßen. Diese werden nun durch das Nahtband (30 mm) miteinander verbunden, das Sie erst aufstecken und dann feststeppen, wie es die Abb. B zeigt. Tipp: Bei Pferden mit sehr hohem, empfindlichen Widerrist ist es manchmal besser, wenn die Mittelnaht vorne ein Stück offen bleibt. Versäubern Sie dann die Kanten mit Einfassband.

Anschließend geht es wieder in den Stall: Legen Sie die Decke auf Ihr Pferd, den Sattel darauf und kammern Sie sorgfältig aus. Zeichnen Sie mit Schneiderkreide ein, wo die Taschen hinkommen und wie groß sie werden sollen, wo der Sattelgurt verläuft und wo die Klettbefestigung ansetzen kann (vgl. Abb. C, rote Linien). Auch die endgültige Länge der Decke legen Sie nun fest, indem Sie den Verlauf der äußeren Schnittkanten einzeichnen. Beachten Sie: Falls die Decke auch Satteltaschen mit abpolstern soll, müssen diese beim Maßnehmen am Sattel sein und für die Länge mit berücksichtigt werden. Zu Hause schneiden Sie an der Kreidelinie entlang den überflüssigen Stoff außen herum ab und versäubern die Schnittkanten mit Zickzackstich.

An der Stelle, wo Sie die Oberkante der Tasche eingezeichnet haben, schneiden Sie einen Schlitz von 19,5 cm in die Decke und fassen die Kanten mit Einfassband ein. Stecken Sie den Reißverschluss in den Schlitz und nähen Sie ihn von rechts fest. Um für einen sauberen Abschluss des Taschenschlitzes zu sorgen und

Sie benötigen:

Etwa 2 m robusten, fest gewebten Stoff aus Baumwolle, Wolle oder Leinen, 120 cm breit, Nähgarn, ca. 4 m Nahtband (40 mm breit) zum Einfassen des Randes, farblich passend, ca. 1m Nahtband (30 mm breit) für die Rückennaht, gefaltetes Einfassband für die Taschen, 2 Reißverschlüsse (20 cm), 30 cm Klettband (20 mm breit), Nähmaschine, Schere, Maßband, Schneiderkreide, Bügeleisen, Stecknadeln

C

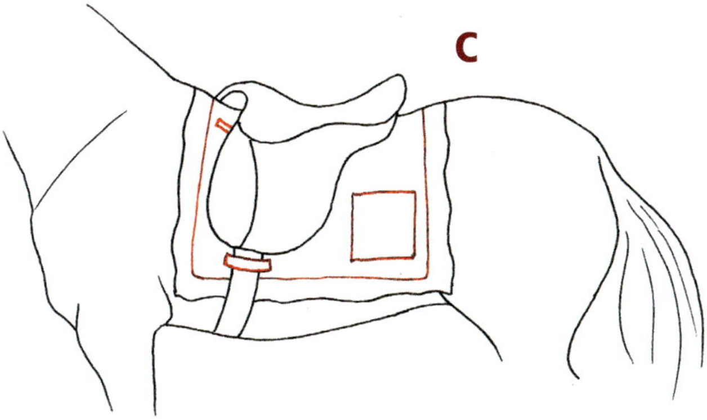

Individueller geht's nicht: Alles passt zu Sattel und Pferd.

Von außen ist von der Tasche nur der Reißverschluss zu sehen. Die rote Linie zeigt, wo von links das innere Taschenteil gegengenäht wurde.

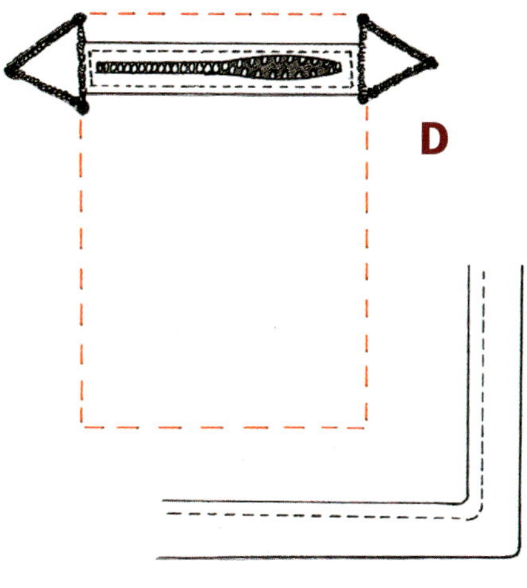

D

Die Taschen werden bei dieser Variante von Rainhild Wenzel mit Lederbändern geschlossen, Einfassung, Stickerei und Quaste sind aus Wolle gearbeitet.

H

die Enden vor dem Einreißen zu bewahren, nähen Sie nun zwei kleine Stoffdreiecke mit engem Zickzackstich so auf, wie es Abb. D zeigt. Schneiden Sie jetzt das innere Taschenteil zu und versäubern Sie alle Kanten mit Zickzackstich. Stecken Sie das Teil von innen an der Decke fest und nähen Sie es von links so an die Decke, wie es in Abb. D zu sehen ist (rote Nahtlinie). Verwenden Sie einen Dreifach-Geradstich oder nähen Sie diese Naht einfach doppelt.

Legen Sie den Papierschnitt mit der Rückenlinie unter die zusammengeklappte Decke und zeichnen Sie den Verlauf der äußeren Kanten aufs Papier. Nach diesem Schnitt schneiden Sie nun die beiden Unterteile für die Satteldecke zu. Versäubern Sie alle Kanten. Legen Sie die Oberdecke mit der linken Seite nach oben vor sich und stecken Sie die Unterteile entlang der Mittellinie fest. Die Kanten der Unterteile sollen sich berühren. Arbeiten Sie jeweils 2–3 Nähte mit großem Zickzackstich neben der Mittellinie, wie es Abb. E zeigt. Die beiden Unterteile werden also nur mit der Oberdecke verbunden, nicht miteinander. Auf diese Weise wird der Mittelteil der Decke schön flach. Streichen Sie nun von der Mitte aus die beiden Stofflagen möglichst glatt, stecken Sie sie mit einigen Stecknadeln fest und nähen Sie von rechts noch einmal die Nahtlinien der Tasche entlang. Jetzt werden alle Kanten mit dem 40 mm breiten Nahtband eingefasst.
Aus übrig gebliebenen Stoffresten nähen Sie sich nun die Bänder für den Sattelgurtdurchlass und die Klettband-Halterung. Das geht ganz einfach: Für ein 2 cm breites Band schneiden Sie den Stoff 6 cm breit in der gewünschten Länge zu. Falten Sie den Streifen in der Mitte und bügeln Sie ihn flach. Jetzt bügeln Sie an jeder Kante 1 cm nach innen. Steppen Sie die offene Seite zu. Die beiden kurzen Enden werden gründlich mit Zickzackstich versäubert. Anhand von Abb. F können Sie sehen, wie die Naht-

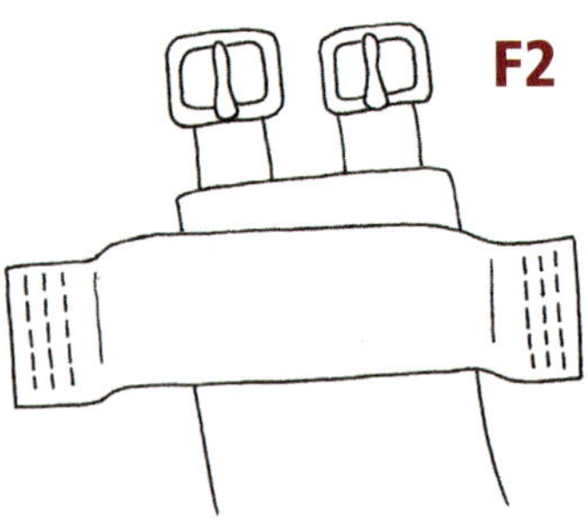

F2

So werden die Befestigungen aufgesteppt.

F1

führung für die Befestigungen läuft: Der Gurtdurchlass wird mit mehreren kurzen Geradnähten aufgesteppt, die Klettbandhalterung mit einem (mehrfach genähten) Quadrat. Die Taschendeck ist jetzt fertig. Beladen Sie sie auf langen Ritten nie zu sehr, sonst können Sie die Unterdecke nicht auskammern und riskieren Druckstellen. Echte Lasten müssen immer vom Sattel getragen werden.
Mit Ihrem Papierschnitt können Sie sich nun eine genau passende Unterdecke nähen. Die Unterdecke auf dem Foto wurde aus einer dicken, flauschigen Militär-Wolldecke angefertigt. Die beiden Hälften wurden mit Nahtband verbunden, wie in Abb. B gezeigt, allerdings wurde hier das Band auf die Ober- und Unterseite aufgenäht. Damit die Unterdecke nicht durch die Bewegung »wegwandert«, wurde die Taschendecke an den Vorderkanten innen mit rauem Klettband versehen, die Unterdecke an der gleichen Stelle mit weichem Klettband. Eine andere Möglichkeit zeigt Ihnen Abb. G: Die Klettbandhalterung wird an der Unterdecke festgenäht, durch eine – ordentlich versäuberte – Öffnung in der Taschendecke geführt und läuft dann zum Sattelgurt oder vorne zu Packringen am Sattel.

Auf der Abb. H sehen Sie noch eine andere Möglichkeit, solche Satteldecken zu gestalten: Die Fjordpferdezüchterin und Wanderreitausbilderin Rainhild Wenzel fertigt ihre Satteldecken aus Wolle und lässt sie bewusst länger, damit bei Stops auf Wanderritten und bei Wettbewerben das Eindecken überflüssig wird. Die empfindliche Nierenpartie ist geschützt. Weitere Variationen und Details dieser Ausrüstung finden Sie auf ihrer Homepage. Beachten Sie auch S. 54 – die Stute dort trägt ebenfalls eine Taschendecke.

Ein Wort zu den Maßen:

Das Besondere an dieser Decke ist, dass sie an Ihren Sattel und zum Rücken Ihres Pferdes optimal passt. Deshalb kann hier kein festes Schnittmuster angegeben werden. Es gibt zu viele verschiedene Satteltypen und schließlich sollen ja auch die Befestigungen perfekt sitzen und die Decke am Platz halten. Für alle, die dennoch gerne einen Anhaltspunkt hätten, habe ich die Abmessungen für den Sattel auf dem Foto (Trachtensattel »Marathippo«) auf meiner Homepage genauestens aufgeführt. Lediglich die Größe der Tasche wird wohl nur geringfügig variieren, sie ist 20 cm breit und 30 cm lang.

Von unten betrachtet: Mit Zickzackstich werden die beiden Unterteile an die Oberdecke genäht.

E

G

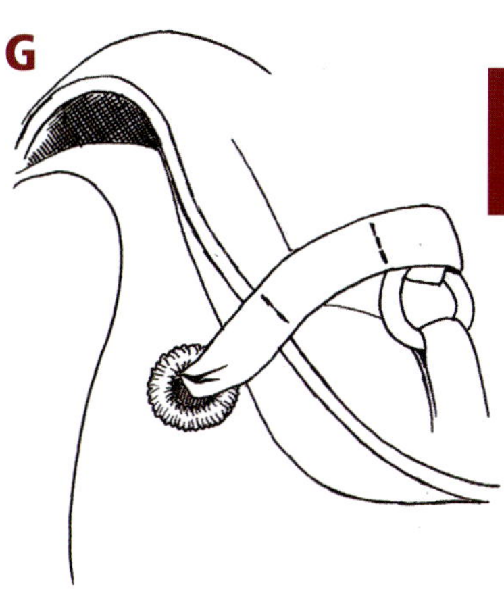

Die beiden Decken sollen nicht gegeneinander verrutschen.

So ist die Trinkflasche schnell griffbereit und sicher verstaut.

Alle Angaben sind in Zentimetern. Erklärung der Linien und Zeichen auf S. 7. Achtung: Die aufzusetzenden Teile bei Schnittteil II sind hier wirklichkeitsgetreu dargestellt, nicht gepunktet.

Trinkflaschenhalterung für den Sattel

Flaschenhalter gibt es für den Lauf- und Radsport, bisher aber nicht für Reiter oder nur in Verbindung mit größeren Satteltaschen und meist oben offen. Dieses Modell (für 0,6 l-Flaschen) sichert die Flasche gegen Herausrutschen bei holprigen Passagen oder Sprüngen, erlaubt aber einen raschen und einhändigen Zugriff, auch bei schnelleren Gangarten, was für Distanzreiter sehr interessant ist. Der Stoff stammt von einer alten, braunen Jeans, der Schaumstoff war Verpackungsmaterial. Lassen Sie sich von der kompliziert erscheinenden Schemazeichnung nicht abschrecken, wenn Sie der Anleitung Schritt für Schritt folgen, ist es ganz einfach. Achten Sie aber darauf, am Anfang und Schluss jeder Naht sorgfältig zu »verriegeln« – der Flaschenhalter muss später ja einiges aushalten.

Schneiden Sie den Stoff und die Schaumstoffstücke nach Abb. A zu und zeichnen Sie sich alle Nahtlinien und Markierungen auf die richtige Stoffseite auf. Bei einem ausfransenden Stoff versäubern Sie alle Kanten mit Zickzackstich. Auf die linke Seite von Abschnitt 1 und 2 des Schnittteiles I kleben Sie den Schaumstoff vorsichtig fest (schräg gestreifte Flächen in Abb. A). Verwenden Sie den Klebstoff sehr sparsam, damit Sie keine Flecken bekommen, er soll den Schaumstoff nur für den Nähvorgang festhalten. Auf die rechte Seite von Schnittteil II nähen Sie gemäß Abb. A 5,5 cm vom weichen Klettband auf Abschnitt 1 sowie die untere Befestigungslasche aus 7 cm Gurtband (an beiden Enden 1 cm einklappen) auf Abschnitt 2. Auf die spätere Rückwand (Abschnitt 3) nähen Sie die hintere Lasche aus 16 cm Gurtband. Verschmoren Sie die Enden des Gurtbands vor dem Nähen mit dem Feuerzeug.

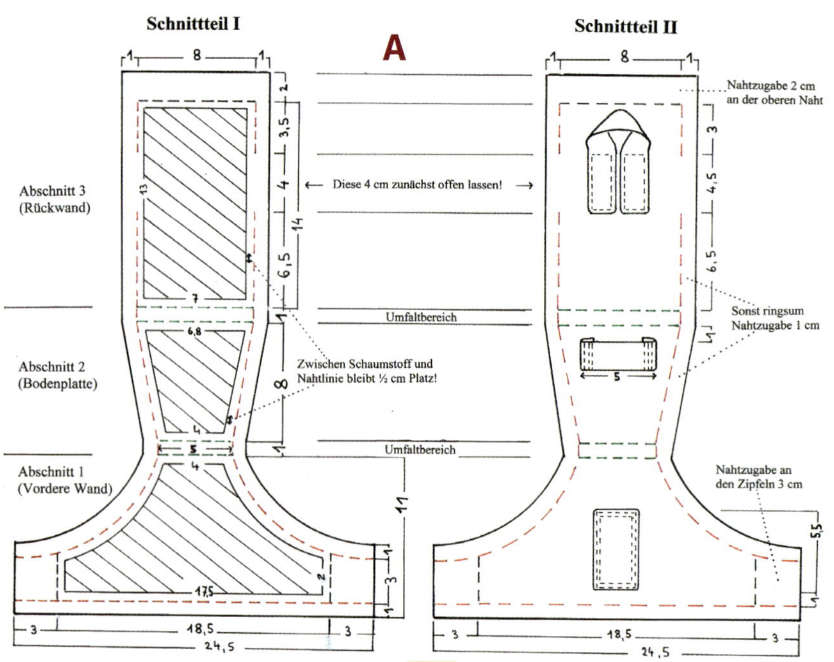

Jetzt legen Sie die beiden Stoffhälften rechts auf rechts aufeinander, sichern sie mit Stecknadeln gegen Verrutschen und steppen alle Nähte, die in Abb. A rot gekennzeichnet sind.
Anschließend müssen Sie das Ganze wenden. Das ist knifflig und braucht seine Zeit, aber es geht. Eine nicht zu dünne Stricknadel oder der Stiel eines langen Eislöffels helfen Ihnen dabei. Bügeln Sie anschließend von außen alle Nähte ein wenig flach. Anschließend steppen Sie die grün gezeichneten Nähte zwischen den Abschnitten. Nun wird das Schaumstoffstück für Abschnitt 3 eingeschoben. Klappen Sie die obere Nahtzugabe ein und stecken Sie sie fest.
Für die Verschlussklappe und die Haltebänder schneiden Sie aus dem Stoff zwei Rechtecke von 6 x 8 cm aus, vom Gummiband zwei Stücke von 19 cm und vom rauen Klettband ein Stück von 5,5 cm. Die beiden Stoffrechtecke legen Sie rechts auf rechts aufeinander und schließen die beiden langen und eine kurze Seite mit einer Steppnaht, wobei Sie 1 cm Nahtzugabe zu den Kanten frei lassen. Stülpen Sie den kleinen Schlauch um (bei den Ecken hilft eine Stricknadel o.ä.) und klappen Sie die Nahtzugabe von 1 cm an der noch offenen Seite nach innen. Die Gummibänder schieben Sie in den Schlitz, wie es in Abb. B gezeigt ist, also leicht übereinander, und schließen diese Naht (mehrfach nähen). Steppen Sie auch mit einem großen Geradstich über die ersten 4 cm der Gummibänder ein »T« (in Abb. B rot dargestellt), damit später die Flasche nicht »hinausschlüpft«. Das Klettbandstück nähen Sie mit einem doppelten Naht-Rechteck auf die Verschlussklappe. Jetzt werden die Gummibänder auf der anderen Seite in den Schlitz von Abschnitt 3 geschoben (vgl. Abb. B) und festgesteckt. 13–13,5 cm sind von den Bändern zu sehen, kontrollieren Sie die Länge aber zur Sicherheit mit Ihrer eigenen Trinkflasche. Steppen Sie dann die Naht mehrfach zu.
Im letzten Schritt werden nun die Zipfel des dreieckigen Abschnitts 1 in die noch offenen Stellen an den Seitennähten geschoben und dort festgenäht. Dadurch bekommt der Flaschenhalter seine Form. Damit das gut vonstatten geht, gehen Sie so vor: Schauen Sie von vorne auf Ihren Flaschenhalter und stecken Sie zunächst den rechten Zipfel von Abschnitt 1 in der Seitennaht fest und nähen Sie mehrfach darüber. Jetzt schieben Sie den linken Zipfel (wieder von vorne gesehen) an die vorgesehene Stelle, stecken ihn fest und nähen ihn von der Rückseite aus mehrfach fest. Die vorderen Teile schieben Sie dabei aus dem Weg.
Den Flaschenhalter können Sie, wie hier, zurückhaltend und passend zum Leder des Sattels gestalten, Sie können aber auch ein richtiges »Designerstück« daraus machen. Beispiele finden Sie auf der Homepage.

Sie benötigen:

Reste von festem Stoff, z.B. von alten Jeans (Größe siehe Abb. A), 30 cm Gurtband (20 mm breit), 40 cm kräftiges Gummiband (20 mm breit), 6 cm Klettband (30 mm breit), Schaumstoffrest (1 cm dick), Garn, Nähmaschine mit Jeansnadel, Schere, Lineal, Maßband, Feuerzeug, Schneiderkreide oder Bleistift, Klebstoff (der den Schaumstoff nicht angreift, z.B. Uhu Bastelkleber), Bügeleisen

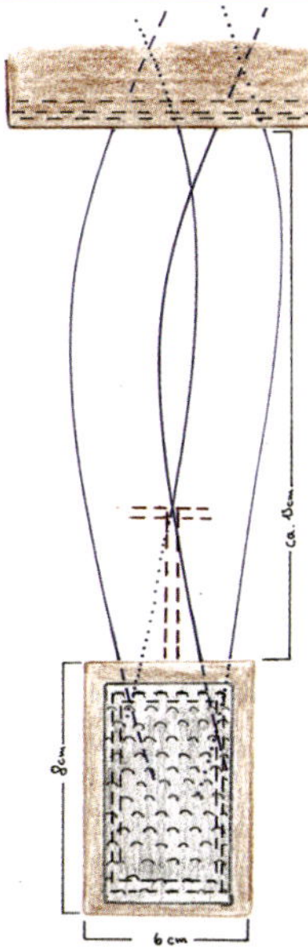

B

Die Gummibänder (blau dargestellt) werden etwas übereinander geschoben.

Reißfestes Reisehalfter

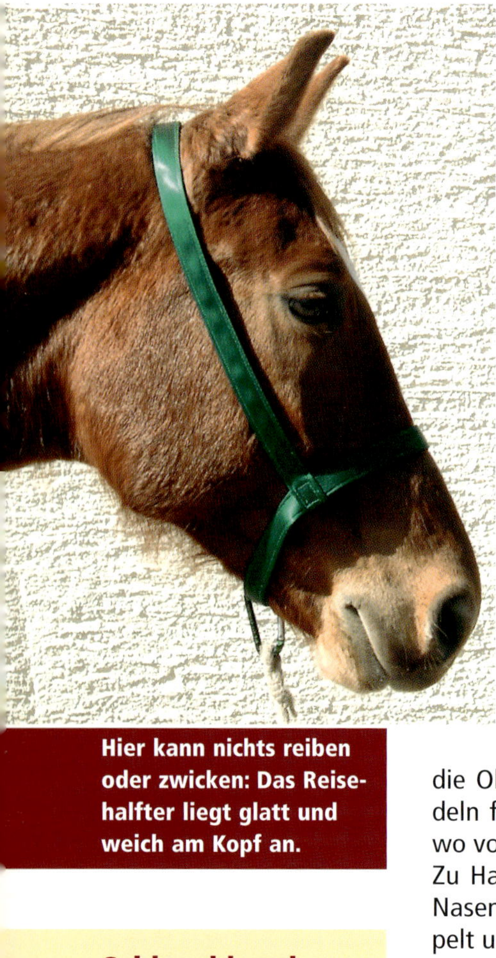

Hier kann nichts reiben oder zwicken: Das Reisehalfter liegt glatt und weich am Kopf an.

Wenn man auf einem Wanderritt das Pferd in einer Pause ein paar Minuten grasen lassen oder anbinden möchte, ist es sehr angenehm, wenn dafür keine großen »Umrüstaktionen« nötig sind. Auf einem Distanz- oder Trekkingwettbewerb spart dies sogar wertvolle Zeit. Viele Reiter können sich aber mit Wanderreittrensen oder Halsriemen nicht so recht anfreunden, sondern bevorzugen es, das Halfter unter die Trense zu ziehen. Bei einem normalen Halfter mit Metallbeschlägen führt dies unweigerlich zu Scheuerstellen. Zudem ist es für das Pferd unangenehm, den ganzen Tag so viel am Kopf zu tragen. Die dünnen Wander-Schnurhalfter, die es im Handel gibt, können scharf einschneiden und dadurch die Nerven im Nackenbereich einquetschen. Das Reisehalfter aus weichem Schlauchband (Bergsteigerbedarf) löst das Problem, denn es trägt sich für das Pferd sehr angenehm.

Das Halfter passt in jede Jackentasche und enthält keinen Anbindering, damit wirklich nichts reiben kann. Der Haken wird direkt am Kinnriemen eingehakt, ideal ist dafür ein großer Leichtkarabiner wie auf S. 28.

Passen Sie zunächst Ihrem Pferd aus Bandresten (z.B. Geschenkband) ein Probe-Halfter an, das an seinem Kopf gut sitzt, nicht zu locker ist, sich aber noch über die Ohren streifen lässt. Durch Knoten oder mit Sicherheitsnadeln fixieren Sie die Bänder. Kennzeichnen Sie am Nasenstück, wo vorne und hinten ist.

Zu Hause arbeiten Sie nach diesem Maß-Modell zunächst den Nasenriemen. Wie Sie auf der Abb. A sehen, liegt das Band doppelt und überlappt sich in der Kehlrinne um 5 cm. Sie benötigen also 2 x die Länge des Nasenriemens + 5 cm. Schneiden Sie das Schlauchband in dieser Länge ab, verschmoren Sie die Enden und legen Sie es zu einem Ring, den Sie zuziehen – bis die gewünschte Länge erreicht ist. Fixieren Sie den Ring an einigen Stellen mit Tesafilm (man kann einfach darüber nähen), damit nichts verrutscht. Nähen Sie nun mit einem großen Geradstich dicht an beiden Kanten einmal ganz herum. Markieren Sie mit Stecknadeln am Nasenstück, wo das Genickstück sitzen soll.

Das Genickstück umschlingt den Nasenriemen. Schneiden Sie hierfür das Band so ab: 2 x die gewünschte Länge + 2 cm (das Umklappen um den Nasenriemen nimmt jeweils 1 cm weg). Verschmoren Sie wieder die Enden und führen Sie sie von oben innen durch den Nasenring, unter ihm durch und außen wieder

Schlauchband

Dieses Bergsteigermaterial ist extrem reißfest – das grüne Halfter hält 1800 kg aus. Zudem ist es angenehm weich und glatt, hat keine harten Kanten und fasst sich gut an. Im Handel ist es in zwei Breiten und vielen Farben erhältlich, auch gestreift.

hoch, wie Sie es auf Abb. A sehen können. Fixieren Sie alles mit Tesafilm an den richtigen Stellen. Die beiden Kanten liegen später außen, so dass sie nicht am Fell reiben können. Sie sollten aneinander stoßen, werden aber später einen kleinen Spalt zwischen sich lassen, den man unter der Mähne nicht sieht. Nähen Sie nun, an dieser Stoßstelle beginnend, erst auf der einen Seite nahe einer Kante hinunter und wieder hoch, dann auf der anderen. An den Verbindungsstellen zum Nasenstück arbeiten Sie noch ein zusätzliches Naht-Rechteck, wie es die Abb. A zeigt. Helfen Sie der Nähmaschine mit dem Handrad vorsichtig nach, wenn sie an den dicken Stellen stockt.

Sie benötigen:

Schlauchband (19 oder 25 mm breit), für ein Warmblut etwa 3,5–4 m, kräftiges Nähgarn (z.B. Gütermann extra stark), Nähmaschine mit Jeansnadel, Feuerzeug, Schere, Maßband, Tesafilm, Stecknadeln

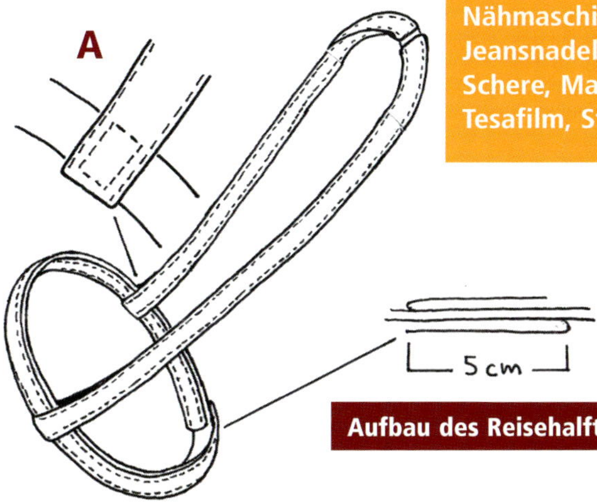

Aufbau des Reisehalfters

Wie werden Packtaschen wasserdicht?

Gleich vorweg – es gibt wasserdichte Packtaschen. Die Firma Ortlieb hat in diesem Bereich Maßstäbe gesetzt und andere Firmen haben ihre Produkte sehr verbessert. Allerdings sind viele dieser Packtaschen groß und voluminös – und sie haben ihren gerechtfertigten Preis. Aber vielleicht wollen Sie ja gar nicht ohne Tross die Alpen überqueren?
Es gibt andere Möglichkeiten, den Inhalt der Taschen vor Nässe zu schützen.

- *Von außen: Häufig tragen Wanderreiter Regencapes, die das Gepäck beim Reiten mit abdecken. Wenn Sie absitzen und laufen oder eine Pause machen, empfiehlt sich der flexible Regenschutz von S. 24.*
- *Von innen: Sie können die Kleidungsstücke und vor allem den Schlafsack in wasserdichte Rundbeutel und Packsäcke verstauen, die es in allen Größen im Outdoorhandel gibt. Diese Methode hat den großen Vorteil, dass Ihre Siebensachen stets sortiert bleiben. Es macht dann auch gar nichts, wenn Sie mal mit schmutzig-nassen Händen nach dem Proviant angeln müssen oder der Schlafsack in den Matsch kullert – alles ist gut geschützt. Viele Trekker bevorzugen dieses System.*
- *Abdichten: Wo eine Naht ist, kann Wasser eindringen – Nähte kann man aber, auch bei gekauften Taschen, mit Seam grip von innen mit einem Gummifilm überziehen und so dichten. Je weniger Nähte, desto besser. Reißverschlüsse sollten Abdeckungen bekommen.*
- *Imprägnieren: Gründliches Imprägnieren hilft bei nicht zu starkem Regen recht gut und schützt auch Baumwoll- und Leinenstoffe.*

Ratzfatz-Satteltaschen aus alten Jeans

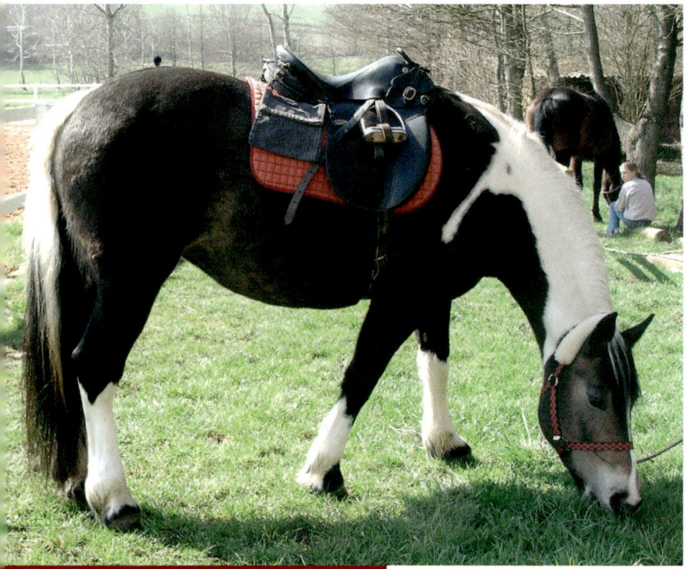

Schneller geht's wirklich nicht: Mit ganz wenig Geld, Zeit und Mühe können Sie sich diese Satteltaschen anfertigen. Sie entstanden vor einigen Jahren, als ich abends feststellte, dass ich für den Orientierungsritt am nächsten Tag unbedingt etwas brauchte, um Pflanzenbestimmungsbücher und einzusammelnde Ostereier zu verstauen. Zwischen Abendessen und Tatort wurden sie fertig – und sie tun immer noch ohne sichtbare Abnutzungen ihren Dienst.

Wir sind doch nicht blöd ... Warum viel Geld ausgeben, wenn man nur ganz selten mal Satteltaschen benötigt?

Die Hosen dürfen oben oder unten etwas weiter sein. Nur ein extremer Schlag eignet sich nicht.

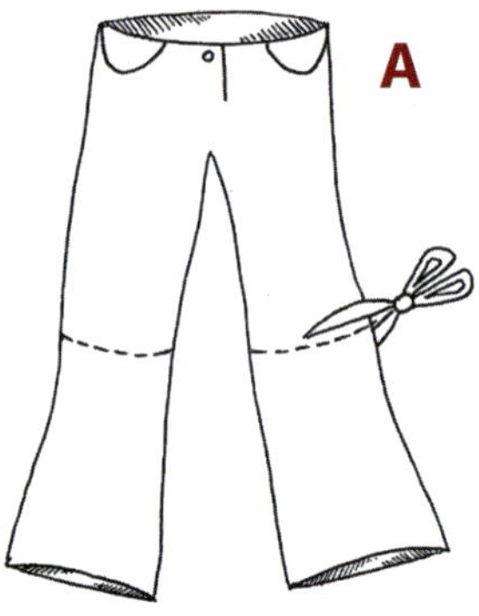

A

Schneiden Sie das untere Ende der beiden Hosenbeine in einer Länge von 36 cm ab (vgl. Abb. A). Drehen Sie die Beine auf links. Schließen Sie die Seite, an der keine Hosensäume sind, mit einer doppelten Steppnaht und nähen Sie mit einem großen Zickzackstich über die Kanten, um die belastete Naht zu sichern. Stülpen Sie die Beine wieder um und streichen Sie sie flach. Hosenbeine sind fast nie ganz symmetrisch, deshalb ist eine Seitennaht zu sehen, was aber gar nicht stört. Schneiden Sie den Taschenschlitz hinein, wie es Abb. B zeigt (nicht bis ganz zur Naht schneiden). Ein Versäubern der Kanten ist nicht wirklich nötig, Jeansstoff franst kaum aus. Über dem Schlitz steppen Sie das Bein quer zu und am Ende, wo die ehemaligen Säume sitzen, auch. Stecken Sie nun das Klettband wie in Abb. B auf und nähen Sie es fest. Achtung: Auf der Taschenklappe nähen Sie dabei durch beide Stofflagen, auf dem Taschenteil nur durch die obere. Abb. C zeigt Ihnen, wie Sie die Nähmaschine hierbei führen.

Zum Schluss schneiden Sie von der Nylonschnur vier Stücke à 70 cm ab und machen einen Knoten in die Enden. Nähen Sie pro Tasche zwei Schnüre dicht nebeneinander mit Zickzackstich von innen an die Taschenklappe, so dass die Schnurenden auf beiden Seiten gleich lang sind. Erstaunlicherweise »flappen« die Satteltaschen auch beladen kaum im Galopp. Machen Sie aber sicherheitshalber einen Test an Ihrem Pferd. Falls nötig, nähen Sie noch eine Verbindungsschnur zu den Gurtstrippen an eine Ecke.

B

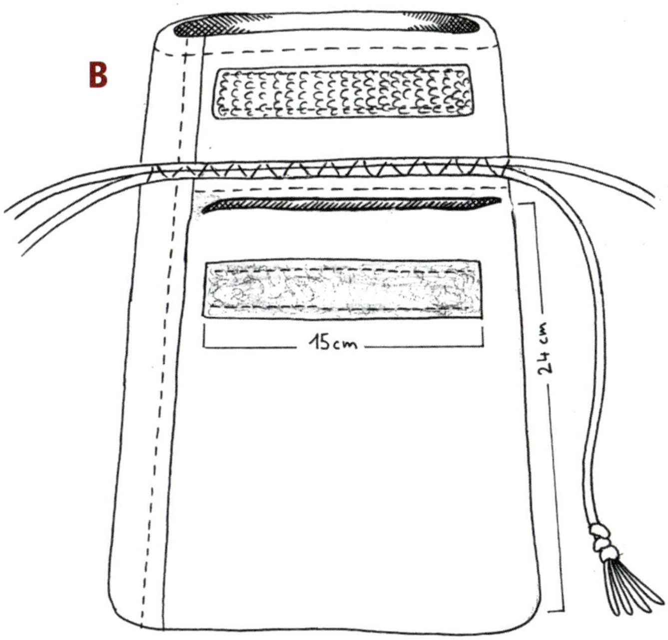

Hier sehen Sie, wo Klettband, Schnüre und Steppnähte sitzen müssen.

Sie benötigen:

Eine alte Jeans in der gewünschten Farbe, Nähgarn, 2,80 m Nylonschnüre (4 mm stark) oder 4 lange Schnürsenkel, 30 cm Klettband (30 mm breit), Schere, Nähmaschine, Maßband, Stecknadeln

C

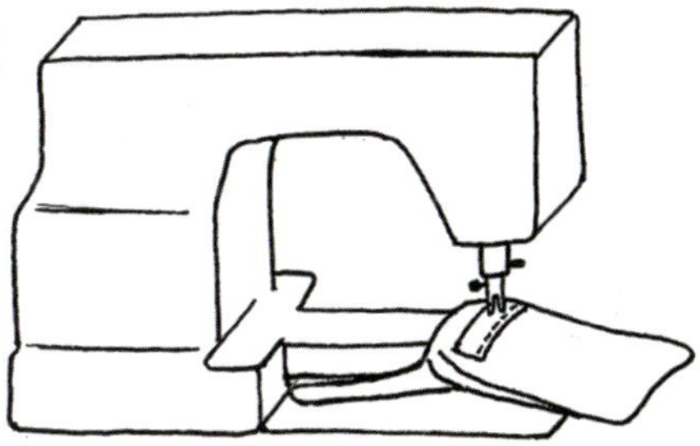

Klettband ist schnell aufgenäht.

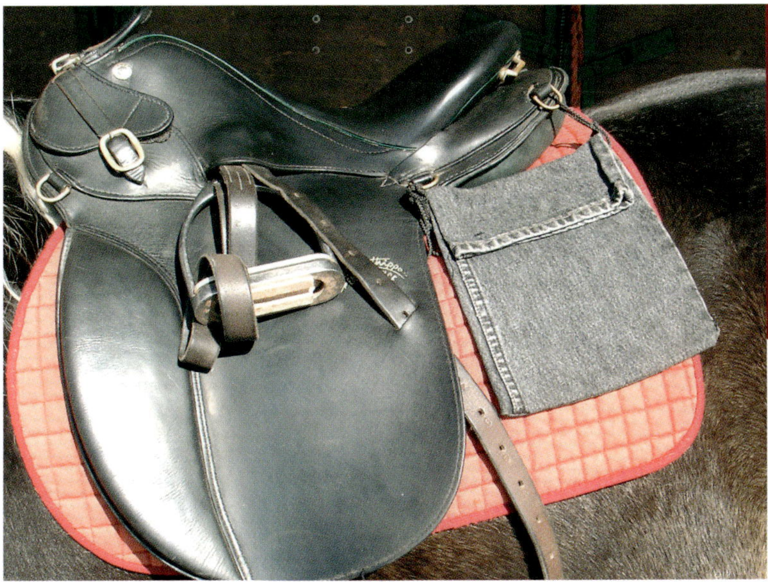

Die preiswerten, schlichten Taschen bieten Ihnen viel Platz für Gestaltung: Mit Textilmalstiften, Stickerei, Buttons oder breiten, farbigen Schnürsenkeln als Bindeschnur können Sie ihnen Ihre persönliche Note verleihen.

Mantelsack maßgeschneidert

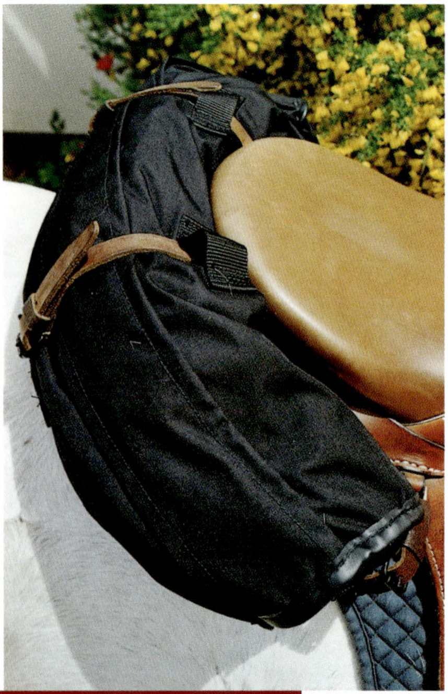

Hier wippt und wackelt nichts – dieses Gepäckstück sitzt bei allen Gangarten fest am Sattel.

Mantelsäcke gibt es in vielen Größen und Materialien zu kaufen. Meist sind sie für den vorwiegend Schritt reitenden Wanderreiter gedacht, der sein ganzes Gepäck am Pferd mitführen will. Entsprechend groß sind sie geschnitten und geraten deshalb bei schnelleren Gangarten leicht in Bewegung. Für die vielen Wanderreiter, die durch Tross oder Gepäcktransport unterstützt werden sowie Teilnehmer an Distanz- und Trekkingwettbewerben habe ich diesen schmalen Mantelsack entworfen.
Er ist für alle Streckenreiter geeignet, die volle Bewegungsfreiheit für sich und ihr Pferd wünschen. Ob steil bergab oder bergauf, über dem Sprung, im Trab und Galopp – dieser Mantelsack sitzt fest am Sattel. Er nimmt das auf, was man über den Tag braucht und vor Pferdeschweiß und Regen schützen möchte: einen Pullover, Notbeschlagzeug, einen kleinen Kocher, eine Decke usw. Der Reißverschluss erlaubt einen raschen Zugriff auf den Inhalt und ist durch eine Abdeckung vor Nässe geschützt (vgl. Abb. A).

A

Alles schnell griffbereit.

Zu den Maßen: Der hier vorgestellte Mantelsack passt genau auf einen englisch geschnittenen Trachtensattel, hier den Marathippo. Damit der Sack an Ihrem Sattel gut sitzt, sollten Sie unbedingt alle Maße für Ihren Sattel überprüfen, vor allem:

- Wie lang sollte die Röhre sein, damit sie sich genau ums Hinterzwiesel herumschmiegt?
- Sitzen die Packriemendurchlässe aus Gurtband dort, wo auch bei Ihrem Sattel die Ringe eingenäht sind?
- Wenn Sie einen Westernsattel mit viel Platz hinter dem Cantle besitzen, möchten Sie vielleicht den Durchmesser der Mantelrolle etwas größer wählen – kein Problem. Um die veränderte Länge des Taschenteils zu errechnen, benutzen Sie die Formel für den Kreisumfang (2 x pi x radius). Die Kreiszahl pi beträgt 3,14. Im Beispiel wären das also: 2 x 3,14 x 8 cm (der Durchmesser ist 16 cm) = 50,24 cm. Denken Sie an die Nahtzugaben!

Der fertige Sack ist 70 cm lang und hat einen Durchmesser von 16 cm. Zeichnen Sie sich nach Abb. B alle Linien und Markierun-

B

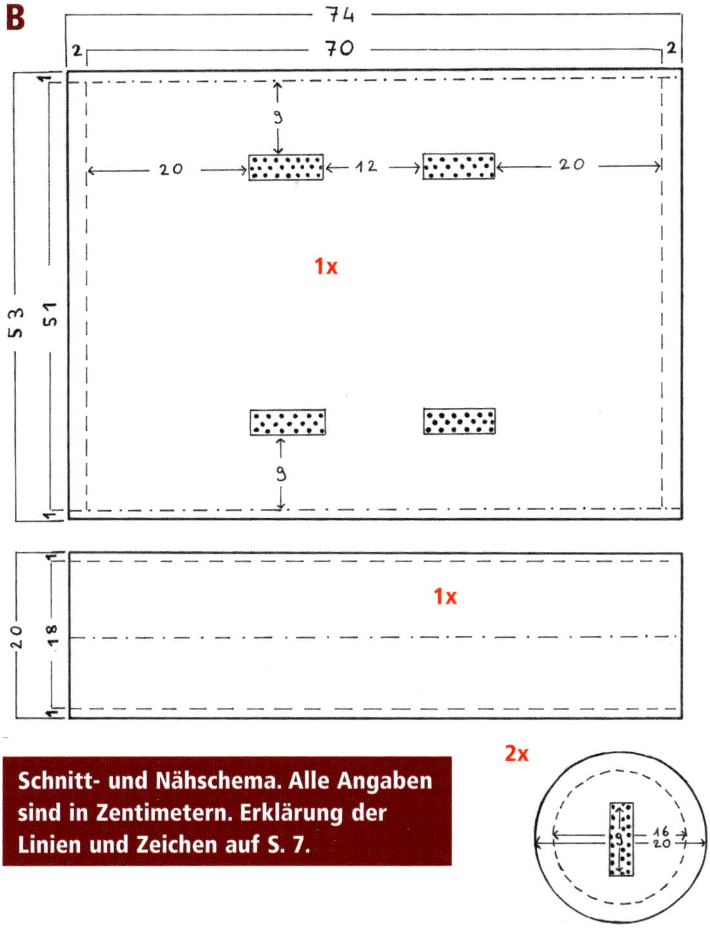

Schnitt- und Nähschema. Alle Angaben sind in Zentimetern. Erklärung der Linien und Zeichen auf S. 7.

Sie benötigen:

Robusten Stoff (z.B. Cordura), 1 x 1 m, einen 2-Wege-Reißverschluss, 70 cm lang (wird als Endlosreißverschluss mit Endstücken verkauft), 2 Schieber, 2 End-Krallen, kräftiges Nähgarn (z.B. Gütermann extra stark), 90 cm Gurtband (30 mm breit), 20 cm Kunstleder (1 m breit), Nähmaschine mit Jeansnadel, Schere, langes Lineal, Bleistift oder Schneiderkreide, Zirkel, Stecknadeln, Tesafilm, lange Handnähnadel, Fingerhut für Mittelfinger, Feuerzeug

gen auf die rechte Stoffseite. Auf der Gewebeseite des Cordura sieht man sowohl Bleistift als auch Schneiderkreide; Kreide verwischt allerdings schnell. Das rechteckige Taschenteil und die Abdeckung können Sie gut direkt auf dem Stoff abmessen. Für die runden Teile geht es am besten, wenn Sie sich zwei Papierkreise von 20 und 16 cm Durchmesser ausschneiden, wobei Sie die Mitte deutlich markieren. Schneiden Sie die 4 Teile aus. Vom Gurtband schneiden Sie sich nun sechs Stücke von 13 cm Länge ab und verschmoren die Enden vorsichtig mit dem Feuerzeug. Nähen Sie das Gurtband an den markierten Stellen so auf, wie es die Abb. C zeigt. An den runden Seitenteilen kommt später Zug auf die Nähte der Gurtlaschen (vgl. Abb. D). Um ein Ausreißen zu verhindern, sollten Sie deshalb auf der linken Seite ein Stückchen Stoff mitsteppen.

D

Lederriemen halten alles am Platz.

Bringen Sie jetzt den Reißverschluss auf die erforderliche Länge von 66 cm. Dazu setzen Sie die Endkrallen ein und biegen die Krallen auf der Rückseite um. Lassen Sie nach den Endkrallen gut 1 cm stehen und schneiden Sie den Rest ab. Steppen Sie an die beiden Enden jeweils ein kleines Stück Stoff, wie es Abb. E zeigt, damit später keine Lücke zwischen Reißverschluss und Rundnaht entsteht.

Klappen Sie an den langen Seiten die Nahtzugaben von 1 cm ein und stecken Sie sie fest. Stecken Sie nun an einer langen Seite den Reißverschluss fest und nähen Sie ihn mit dem Reißverschlussfuß ein. Anschließend arbeiten Sie die Reißverschlussabdeckung: Falten Sie das Stoffteil dafür der Länge nach in der Mitte (rechts liegt auf rechts) und steppen Sie von links 1 cm von der Kante entfernt die Längsseite hinunter (normaler Nähfuß). Wenden Sie die Röhre auf rechts, ein Kochlöffel ist dabei hilfreich. Drücken Sie das Teil flach, fixieren Sie es mit ein paar Nadeln und nähen Sie jetzt noch einmal von rechts an jeder Längskante mit 1 cm Abstand entlang. Die fertige Abdeckung ist 9 cm breit und wird nun in 2 cm Abstand von der bereits gesteppten Reißverschlusskante aufgenäht.

Danach stecken Sie die andere Längsseite auf den Reißverschluss. Dazu öffnen Sie diesen am besten. Das Festnähen wird etwas knifflig, weil mittlerweile eine Röhre entstanden ist. Am besten geht es so: Nehmen Sie die breite Grundplatte Ihrer Nähmaschine weg, sodass nur noch der Freiarm den Stoff trägt. Nun steppen Sie zunächst bei geöffnetem Reißverschluss in der Mitte so weit wie möglich von oben nach unten (Reißverschlussfuß). Was noch an den beiden Enden offen ist, nähen Sie anschließend bei geschlossenem Reißverschluss von den runden Seiten her zu.

Die runden Seitenteile werden jetzt an die Röhre gesteckt, wie es die Abb. F zeigt. Die eingezeichneten Linien auf dem Stoff zeigen Ihnen, wo die Nahtlinie verläuft. Es wird von außen um die

Aufnähen der Gurtbandlaschen.

C

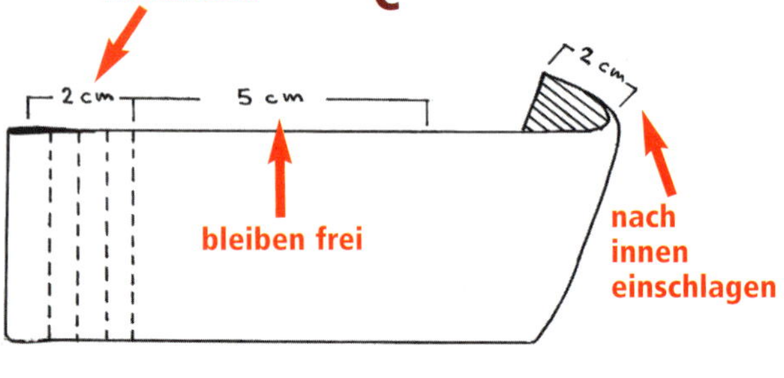

E

Der Reißverschluss wird an die Taschenlänge angepasst.

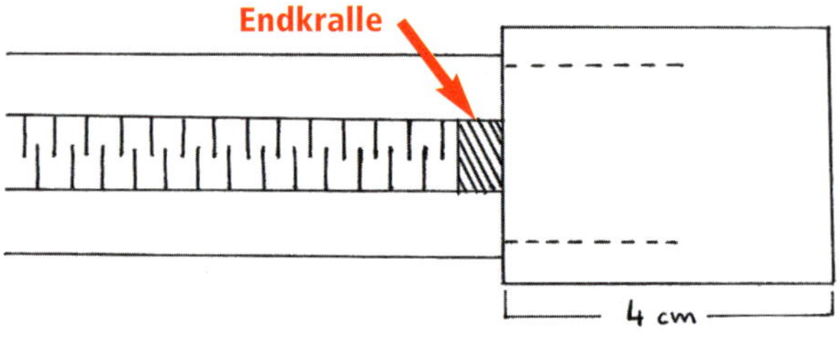

Rundung genäht (über die Stecknadeln), die Nahtzugaben bleiben also sichtbar. Die Abdeckklappe wird in der Rundnaht mitgefasst. Fangen Sie mit dem Nähen auf der gegenüber liegenden Seite an. Wenn Sie an der Klappe ankommen und die Nähmaschine sich schwer tut, können Sie mit dem Handrad nachhelfen. Vermeiden Sie Falten so gut wie möglich. Wenn es nicht anders geht, dann legen Sie kleine Fältchen, die fallen nachher nicht auf. Schneiden Sie anschließend die Nahtzugaben auf 6 mm zurück und arbeiten Sie noch einen mittleren Zickzackstich darüber, um diese belastete Naht zu sichern (vgl. Abb. H).
Zum Schluss werden die Kanten um die runden Seitenteile mit Kunstleder eingefasst. Dazu schneiden Sie zwei 52 cm lange und 3 cm breite Streifen aus dem Kunstleder. Das Einfassen kann man zwar mit der Nähmaschine machen, allerdings verschieben sich Leder und Naht dabei gerne und das Ergebnis ist meist ziemlich schief. Wenn Sie das nicht stört, können Sie eine Maschinennaht arbeiten. Stecken Sie das Leder gut fest und wählen Sie die Stichlänge größer als normal, um das Leder nicht zu stark zu durchlöchern. Eine Handnaht braucht zwar etwas Zeit, sieht aber meist viel schöner aus. Dazu brauchen Sie das Leder nicht festzustecken, Sie legen es während des Nähens Stück für Stück mit der linken Hand gleichmäßig um die Kante und ziehen es straff. Mit einer normalen langen Nähnadel (keine Ledernadel!) und doppeltem Faden arbeiten Sie eine Hand-Steppnaht (siehe Abb. G). Mit einem Fingerhut können Sie die Nadel gut durchs feste Gewebe drücken. Fangen Sie an der dem Reißverschluss gegenüber liegenden Seite an. Wenn Sie den Faden nicht zu lang nehmen und ihn wachsen (über eine Kerze ziehen), verknotet er sich nicht so leicht. Abb. H zeigt, wie Sie den Faden vernähen: Führen Sie die Nadel durch eine schon vorhandene Einstichstelle unter das Leder und verstechen Sie den Restfaden in der Nahtzugabe. Wenn Sie mit einem neuen Faden anfangen, verstechen Sie erst ein Stück und gehen dann mit der Nadel nach außen. Ihr Packsack ist jetzt fertig. Wenn Sie möchten, können Sie jetzt noch die Nähte dichten (siehe Infokasten S. 37).

Das Material

Der Mantelsack besteht aus Cordura, einem Material, das sich außen wie Stoff anfühlt, innen aber gummiert ist. Cordura ist sehr reißfest und wasserabweisend, dabei aber leicht. Sie können auch dicke, fest gewebte Baumwoll- und Leinenstoffe verwenden, z.B. Segeltuch oder Drell, und sie gegen Feuchtigkeit imprägnieren. Mit Imprägnierern auf Wachsbasis greifen Sie das Kunstleder nicht an und die Umwelt auch nicht.

H

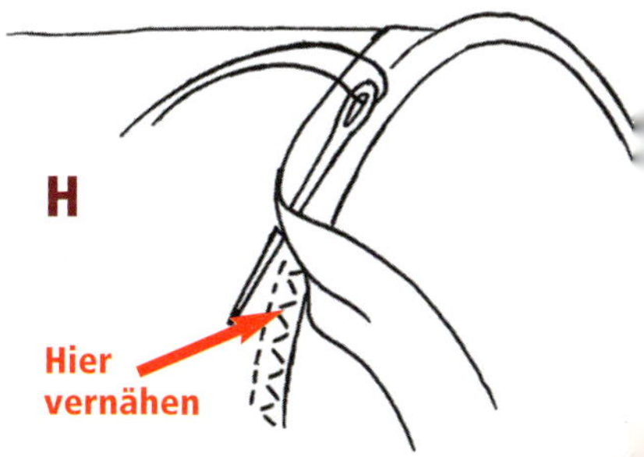

Faden verwahren

F

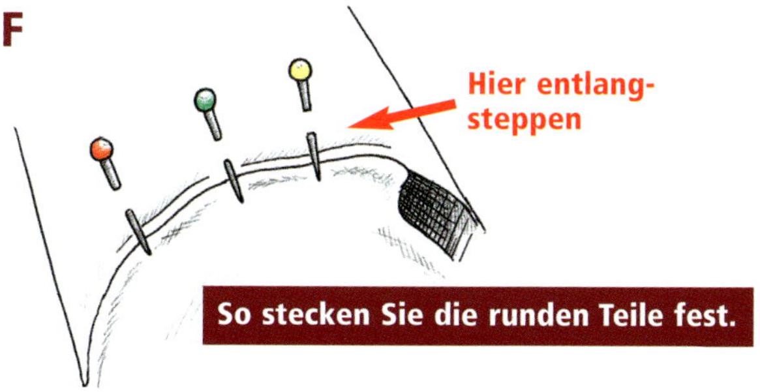

So stecken Sie die runden Teile fest.

G

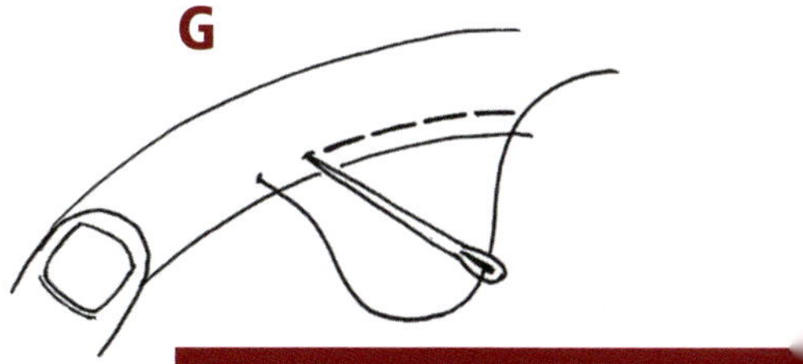

Hand-Steppnaht

3. Kunst am Pferd –

Mensch und Pferd haben im Lauf der Jahrhunderte einen weiten Weg gemeinsam zurückgelegt. Ausgrabungsfunde, Malereien und Skulpturen zeigen, wie sich die Ausrüstung in den verschiedenen Zeitaltern und Kulturen veränderte. Die aufwändig geschmiedeten Gebisse, Prunkschabracken und verzierten Vorderzeuge legen für uns Kunde ab von der ganz besonderen Beziehung, die Pferd und Reiter verband. Auch wir heutigen Pferdebesitzer möchten die Persönlichkeit und Schönheit unseres Pferdes durch individuelle Ausrüstungsteile hervorheben. Auf dem Foto sehen Sie, was herauskommen kann, wenn zwei zeitgenössische Kunsthandwerker ihr Können vereinigen: die Sattlerei Christoph Rieser hat gehitchte Haarteile von Maria Sabine Schmidt in einem traumhaften Set von Sattel, Zaum, Vorderzeug, Hutband, Peitsche und Gürtel verarbeitet.
Lassen Sie sich von den Künstlern im folgenden Kapitel inspirieren. Einfache Projekte laden zum Nachmachen ein – so können Sie in eine Kunsthandwerktechnik »hineinschnuppern«.

In diesem Kapitel

In haarigen Angelegenheiten ...

Der Araber Mabrouk mit einem Kopfstück ganz aus Pferdehaar. Durch ein raffiniertes System aus Schiebeknoten kann man es in der Größe gut verstellen.

kennt sich **Maria Sabine Schmidt** bestens aus. Sie hat es sich zur Aufgabe gemacht, eine alte und seltene Technik, das **»Hitchen«** zu bewahren und in Deutschland bekannter zu machen. Ursprünglich stammt das Hitching aus Afrika, für die Pferdewelt entdeckt und ausgestaltet wurde es aber in den USA – und da vor allem in den Gefängnissen. Hier, wo die Zeit keine Rolle spielte, begannen Cowboys kunstvolle Zaumzeuge zu arbeiten, sie variierten die Muster immer wieder und hitchten zum Teil viele Monate an einem Kopfstück. Beim Hitchen werden Pferdehaare zunächst zu schlanken Strängen gedreht und dann um einen Baumwollfaden geschlungen – entweder nach oben (Uphitch) oder nach unten (Downhitch). Der so mit Haaren umwickelte Baumwollfaden windet sich beim Arbeiten allmählich um einen Holzstock, den der Hitcher in der rechten Hand hält (vgl. Abb. A). Mit der linken Hand macht er die Haarschlingen und lässt durch das Einarbeiten verschiedenfarbiger Haarsträhnen das Muster entstehen (Pferdehaar lässt sich sehr gut färben). Auf der Abb. B sehen Sie einen umhitchten Stock. Der entstandene Schlauch wird später abgestreift, geglättet und – meist mit Leder – zu einem Zaumzeug verarbeitet.

Vor allem in Montana, Arizona und Texas wurde das Hitchen zu einer traditionellen Cowboykunst. Als Maria Sabine Schmidt vor 15 Jahren beschloss, dieses Handwerk zu erlernen, reiste sie in die USA und suchte sich in Colorado einen Lehrmeister, denn in Deutschland hatte noch niemand etwas davon gehört und Lehrbücher gab es auch keine. Ins Gefängnis musste die gelernte Hotelfachfrau zwar nicht, um in die Geheimnisse des Hitchens eingeweiht zu werden, ein Zuckerschlecken war diese Lehrzeit aber keinesfalls. Seit damals ist viel Zeit vergangen. Mittlerweile ist der Name Maria Sabine Schmidt auch bei Sammlern in den USA und Europa ein Begriff geworden. Alle ihre Objekte zeichnen sich durch eine ausgeprägte Harmonie der Farben aus, die Variabilität der Muster ist schier unglaublich. Bei dem Kopfstück auf dem großen Foto hat sich Maria Sabine Schmidt an den prächtigen Zäumen orientiert, die aus der Zeit der Jahrhundertwende erhalten sind. Besonderer Verdienst gebührt Maria Sabine Schmidt allerdings dafür, dass sie dieses schöne Handwerk auch anderen zugänglich macht. Sie gibt Kurse und hat mittlerweile schon drei Bücher geschrieben, in denen das Hitchen erstmalig auf deutsch grundlegend erklärt wird. Inzwischen hat sich in Deutschland eine stetig wachsende Gruppe von »Hitchern« gebildet, die sich im Forum von Maria Sabine Schmidts Homepage austauscht. Auf den nächsten zwei Seiten finden Sie eine Quaste (auch Tassel genannt), bei der Sie sich mit dem Material vertraut machen können. Wenn Ihnen die Arbeit mit Pferdehaar gefällt, finden Sie auf der Homepage von Maria Sabine Schmidt vielfältige Anregungen, Kurstermine sowie Anleitungsbücher und abgepackte Haare. Ein Starterset erleichtert den Einstieg ins eigentliche Hitchen.

Maria Sabine Schmidt
Petzoltstraße 6
90443 Nürnberg
Tel.: 0911/2726143
www.horsehairdesign.de

A

Maria Sabine Schmidt bei der Arbeit: Gut zu sehen ist hier, dass nicht einzelne Haare verarbeitet werden, sondern schmale Stränge aus 8–10 miteinander verzwirnten Haaren, die am Ende abgeknotet werden.

B

Das Wickeln der Haare ist ganz einfach – die Kunst besteht in der Mustergestaltung.

Quaste aus Pferdehaar

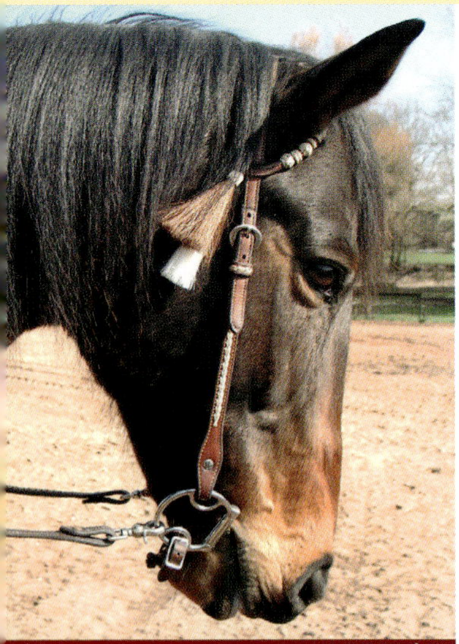

Tasseln sind ein schöner Schmuck und vielfältig einzusetzen.

Quasten stellen eine gute Möglichkeit dar, in das Arbeiten mit Pferdehaar »hineinzuschnuppern«. Sie zieren Trense oder Sattel, man kann Sie an die Zügelenden knüpfen, an die Satteldecke nähen oder einen ganzen Stirnschmuck daraus gestalten, der gleichzeitig die Fliegen fernhält. Sie können nach dieser Anleitung eine einstufige, einfarbige Quaste arbeiten, aber auch eine dreistufig-mehrfarbige, wie sie die Spanier lieben.

Grundaufbau einer Quaste, die über einen kleinen Aufhänger gearbeitet wird.

A

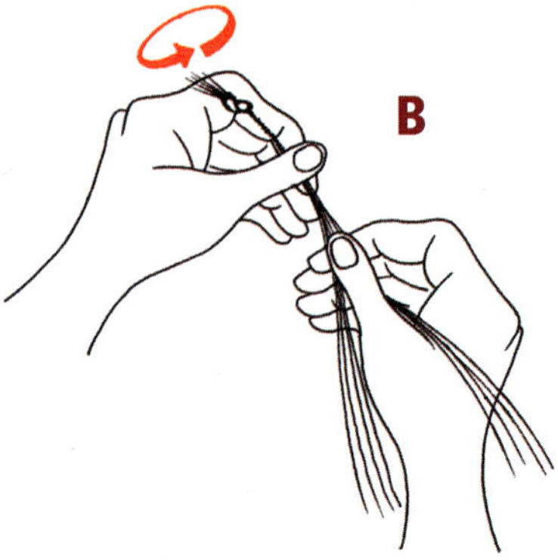

B

Für den Aufhänger zwirnen Sie sich zunächst drei Haarstränge aus braunem Schweifhaar, wie es Abb. B zeigt. Dazu nehmen Sie 20 lange Schweifhaare und machen einen Knoten an das eine Ende. Teilen Sie das Büschel in zwei Teile zu je zehn Haaren und halten Sie mit dem Daumen der rechten Hand diese Teilung aufrecht. Mit der linken Hand drehen Sie den Knoten gegen den Uhrzeigersinn und ziehen die Haare langsam nach oben. Dadurch verzwirnen Sie die beiden Haarsträhnen miteinander. Am Ende des Stranges machen Sie wieder einen Knoten. Aus drei solchen Strängen flechten Sie jetzt einen straffen Dreierzopf von etwa 16 cm Länge, Anfang und Ende binden Sie mit Bindfaden ab. Nun formen Sie eine tropfenförmige Schlinge, indem Sie die beiden Enden zusammenbinden und abkleben (vgl. Abb. C). Dazu werden einige Tropfen Sekundenkleber auf den Zopf aufgetropft. Achtung: wenn die Haare von Ihrem eigenen Pferd stammen, müssen Sie durch gründliches Waschen das Fett entfernen – der Kleber hält sonst nicht. Machen Sie die Klebestelle nicht länger als ½–1 cm, denn hier können Sie später mit der Nadel nicht mehr durchstechen. Wenn der Kleber trocken ist, können sie die Enden des Zöpfchens abschneiden (rote gestrichelte Linie in Abb. C). Wachsen Sie ein Stück Zwirn, fädeln Sie es ein und machen Sie einen Knoten ins Ende. Verstechen Sie den Faden ein paar Mal über der Klebestelle der Schlinge.
Um die untere Stufe zu arbeiten, legen Sie jetzt das weiße Haarbüschel möglichst gleichmäßig rund um den Aufhänger, und binden es in der Hälfte der Länge ab, indem Sie vier- bis fünfmal den Zwirn straff um die Haare wickeln und diese dann sorgfältig am Zopf festnähen (vgl. Abb. D), stechen Sie dabei immer wieder durch die Mitte. Dann klappen Sie die hochstehenden Haare nach unten über die Abbindestelle und nähen auch diese gründlich fest (Abb. E). Verstechen Sie den Faden und schneiden Sie ihn ab. Wenn Sie eine einstufige Quaste möchten, beginnen Sie jetzt mit dem Köpfchen, sonst kommt – wenn gewünscht – die nächste Stufe in Braun, die genauso gearbeitet wird, nur gut einen Zentimeter höher (Abb. F).

Um die unschöne Nähstelle zu verstecken, wird ein Köpfchen in weiß gearbeitet. Dafür benötigen Sie etwa drei gezwirnte Stränge aus weißen Schweifhaaren, die Sie aber nur aus jeweils 10 Haaren drehen. Legen Sie die Stränge in ein Schüsselchen mit lauwarmem Wasser, um sie geschmeidig zu machen. Nach drei bis vier Minuten nehmen Sie einen Strang heraus, schneiden einen der Knoten ab und fädeln den Strang in die Stopfnadel ein. Stechen Sie etwa 1–2 cm über dem unteren Rand des Köpfchens ein und kommen Sie mit der Nadel direkt da heraus, wo das Köpfchen später enden soll.

Legen Sie eine Schlaufe um die ganze Quaste und schließen Sie den Kreis mit einem Schlingstich (vgl. Abb. G). Dieser Ring muss straff sitzen. Nun beginnen Sie mit der ersten Runde von Schlingstichen (siehe Abb. H1). Je nachdem, wie eng Sie die Schlingen ziehen, bekommen Sie mehr oder weniger Stiche in eine Runde. Wenn Sie den Anfang wieder erreicht haben, arbeiten Sie die zweite Runde darüber, indem Sie von oben in die Zwischenräume der Schlaufen einstechen, wie es Abb. H2 zeigt. So geht es immer weiter, dabei sollten Sie die Stiche so dicht setzen, dass der Untergrund gut abgedeckt ist, vor allem, wenn es eine andere Farbe ist. Wenn Sie die Zahl der Stiche vergrößern wollen, arbeiten Sie zwei Stiche in den gleichen Zwischenraum. Wenn Sie – vor allem nach oben zu – die Zahl der Stiche verringern müssen, lassen Sie einen Zwischenraum aus. Irgendwann wird Ihr Nähstrang zu kurz, dann stechen Sie in einen Zwischenraum ein und ziehen ihn nach oben links, wo Sie ihn verstechen. Den neuen »Faden« (in Abb. H3 rot dargestellt) nähen Sie erst im noch unbestickten Bereich fest, dann kommen Sie mit der Nadel im letzten Zwischenraum wieder hervor. Wem das Sticken mit den Haarsträngen zu schwierig ist, der kann auch Perlgarn verwenden. Ein Köpfchen kann auch mit Perlen bestickt oder mit einem Stückchen Silber umschlossen werden. Schneiden Sie zum Schluss die Haare der Quaste schön gleichmäßig.

Sie benötigen:

ein oder mehrere Büschel Pferdehaare, die doppelt so lang sind, wie die Quaste werden soll, ca. 90 Schweifhaare, festen Zwirn, Schere, lange Stopf- oder Sattlernadel, Bienenwachskerze für den Faden, flüssigen Sekundenkleber (kein Gel), evtl. Nagelknipser für abstehende Haare

F

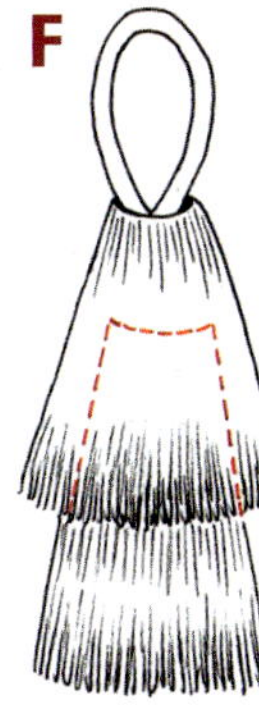

G

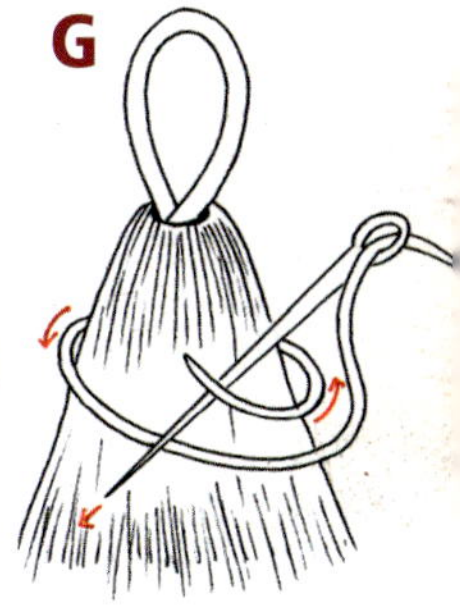

H1

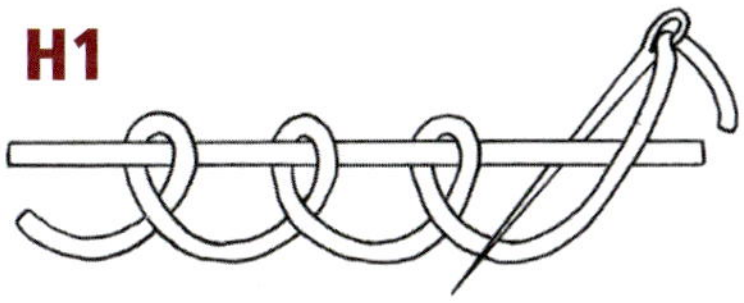

H2

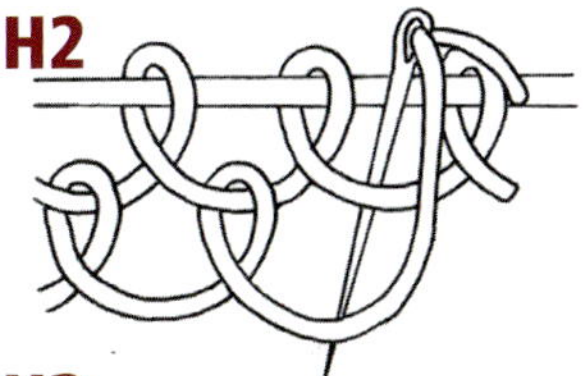

H3

C

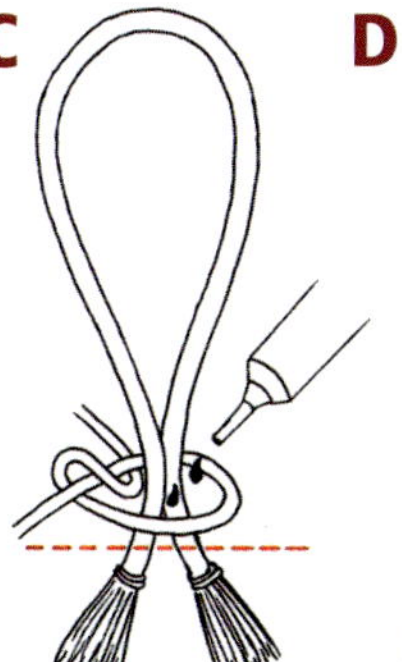

D

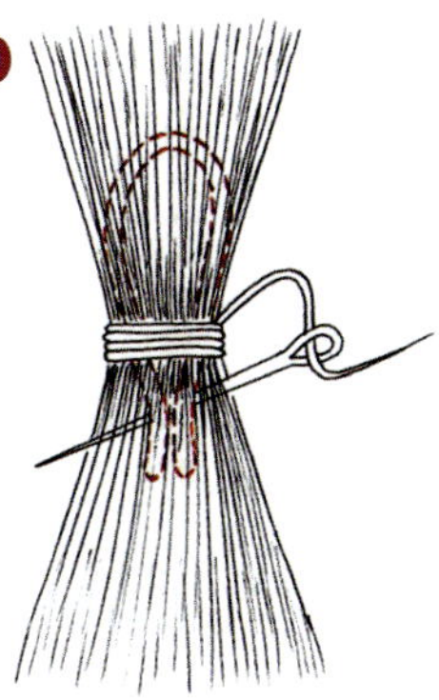

E

Am seidenen Faden ...

scheint **Eva Heilmeyer** ihren hoch ausgebildeten Schwarzwälder Fuchs »Max« zu reiten, wenn die beiden in der Bahn piaffieren. Das ist kein Wunder, denn Eva ist die Tochter der bekannten Ausbilderin für klassisch-barocke Dressur, TTeam-Arbeit und Zirkuslektionen, Barbara Heilmeyer. Wer einen Kurs im Pferdezentrum Neurod belegt, staunt, wenn er die Sattelkammer betritt: Statt braun und schwarz schimmert es hier farbenfroh an den Trensen. Für jedes Pferd gibt es Zügel in einem eigenen Muster und eigener Farbkombination. Man staunt ein zweites Mal, wenn man mit diesen Zügeln reitet: Sie liegen sehr gut in der Hand, bleiben auch an schweißnassen Pferdehälsen stets griffig

A

Hier gibt's für jeden Geschmack das richtige Design in den passenden Farben: Wie wäre es mit »Two-Step« in braun und bunt? Oder lieber einfarbig?

B

und reiben selbst empfindliche Hände nicht auf, ganz anders als Gurtzügel. Alle diese Zügel stammen aus Evas »Manufaktur«.

Da die ganze Familie auf hohem Niveau reitet und eine beständige, weiche Verbindung zum Pferdemaul nun einmal sehr wichtig ist, lag es nahe, dass irgendwann damit begonnen wurde, mit eigenen Zügeln zu experimentieren. Der Vater, Gebhard Rehm, der den Hauchenberg-Hof im schönen Allgäu betreibt, entdeckte das Material, das eigentlich aus dem Schiffsbedarf stammt: Es ist eine achtfach geflochtene, vollfarbige Polypropylen-Flechtleine, die etwa 4 mm breit und 2 mm dick ist. Diese Flechtleinen sind geschmeidig, komplett fäulnisbeständig und die Farben bleichen in der Sonne nicht aus. So kam auch Eva Heilmeyer, kaum dass sie reiten konnte, zum Zügelflechten. Sie perfektionierte die Technik und erfand neue Muster. Ihre Dessins, die Sie auf Abb. A sehen, heißen »Living Colour«, »Dancing lines« oder »Showtime«. Heute gibt die Abiturientin Zügelflecht-Kurse im Pferdezentrum Neurod und fertigt Zügel nach Auftrag. Ihren Max reitet sie selbstverständlich nur mit eigenen Zügeln – auch die Kandarenzügel (s. Abb. B) sind selbst geflochten. Auf den nächsten zwei Seiten finden Sie als Nachmacherprojekt einen durchgehenden Zügel im einfachsten Muster (»Nice'n easy«). Falls Sie Schwierigkeiten haben sollten, das Material aufzutreiben: Eva Heilmeyer versendet auch Fixpakete, da Baumärkte oft nur Polyleine in schwarz haben.

Auch schmale Kandarenzügel werden selbst geflochten. Sie sehen schick aus und sind sehr griffig.

Fein rausgeputzt für die Quadrillenvorführung am Galaabend: Eva Heilmeyer mit Max.

Eva Heilmeyer
Fabrikstr. 94
76337 Waldbronn
Tel.: 07243/652020
Email:
EvaHeilmeyer@web.de

Farbige Zügel selbst geflochten

Farbige Akzente auf schwarzem Frack: Trakehnerhengst Spirding mit Zügeln à la Eva Heilmeyer.

Die fertigen Zügel sind durchgehend gearbeitet und 2,80 lang. Sie werden mit Schiffchen (siehe Abb. G) an den Gebissringen befestigt. Wenn sie verschmutzt sind, lösen Sie die Enden aus den Schiffchen und waschen die Zügel einfach in der Waschmaschine mit. Für normal große Erwachsenenhände werden die Zügel aus 8 Schnüren geflochten, sie sind dann etwa 2,5 cm breit. Für sehr kleine Hände oder Kinder können sie auch aus 6 Schnüren gefertigt werden, die Technik bleibt die gleiche.

Schneiden Sie sich von der Flechtleine in jeder Farbe vier Stücke von je 4 m Länge und verschmoren Sie die Enden mit dem Feuerzeug, damit sie sich nicht aufdrehen. Legen Sie diese acht Schnüre zu einem Bündel und knoten Sie ein andersfarbiges Band fest um das Ende. Teilen Sie dabei die beiden Farben durch das Band, wie es Abb. A zeigt. Binden Sie dieses Ende an ein Tischbein oder (mit Hilfe einer längeren Schnur) an eine Tischkante, damit Sie die Fäden straffen können. Das Objekt sollte aber beweglich sein oder Sie selbst sollten Ihren Stuhl fortrücken können. Zu Anfang sollten alle roten Fäden oben liegen, alle schwarzen unten.

Jetzt holen Sie alle schwarzen Fäden nach oben und lassen die roten Fäden zwischen den schwarzen nach unten durchgleiten, wie es Abb. B zeigt. Wichtig ist dabei, dass der untere Faden, der am weitesten links lag, nun auch oben der äußerste Faden links ist. Das Ganze sieht jetzt etwa so aus, als ob man die Zinken zweier Gabeln miteinander verschränkt hätte. Nehmen Sie nun von den vier oben liegenden schwarzen Fäden den ganz links und ziehen Sie ihn unter den restlichen drei schwarzen und über alle roten hinweg ganz nach rechts durch (vgl. Abb. C). Ziehen Sie ihn straff an und halten Sie ihn mit dem rechten Daumen fest, damit sich das Geflecht nicht wieder lockert. Nun holen Sie alle roten Fäden nach oben und lassen die schwarzen nach unten absinken. Den am weitesten links liegenden roten Faden führen Sie anschließend unter den übrigen roten und über allen schwarzen hinweg nach rechts und ziehen ihn straff an.

Diese drei Schritte (Fäden sortieren, Faden durchziehen, straffziehen) wiederholen Sie nun immer wieder (vgl. Abb. D). Dabei ist es sehr wichtig, dass sie den Durchziehfaden gut anziehen, damit Ihre Zügel nicht zu locker werden. Das Flechten geht so fix, dass Sie sich auch erst mal »warmflechten« können und einfach noch mal von vorne anfangen, wenn Sie merken, dass Sie den Dreh raushaben. Wenn Sie eine Pause machen, müssen Sie dafür sorgen, dass sich nicht alles auflöst: Schlagen Sie den durchgezogenen Faden oben nach links, holen Sie ihn unter dem Geflecht durch und ziehen Sie ihn rechts wieder nach oben, wo Sie eine Schlaufe bilden (vgl. Abb. E).

Flechten Sie so weit wie möglich und machen Sie am Ende eine Pausenschlaufe. Das Messer mit dem Holzgriff erhitzen Sie im Gasbrenner oder etwas ähnlichem sehr gründlich. Wenn es heiß genug ist, schneiden Sie mit der Klinge von oben nach unten die Fäden ab und formen aus dem Ende ein halbes Oval (vgl. Abb. F). Dabei sollten die Fäden miteinander verschmelzen und eine gemeinsame Kante bilden, damit sich später beim Gebrauch des Zügels nichts auflösen kann. Das andere Ende wird genauso bearbeitet. Zum Schluss führen Sie ein Ende durch ein Schiffchen, danach durch den Gebissring und wieder durchs Schiffchen zurück, wie es Abb. G zeigt.

Sie benötigen:

8 x 4 m Flechtleine (Materialbeschreibung siehe vorige Seite) in zwei verschiedenen Farben, 2 Schiffchen, Bunsenbrenner, Messer mit Holzgriff o.ä., Schere, Feuerzeug, Schnur zum Festbinden

Mit dem blauen Band binden Sie Ihre Flechtschnüre fest.

Die Fäden werden miteinander verschränkt.

Der linke Faden wird nach rechts geführt.

Das Flechten geht ganz fix.

Die Pausenschlaufe

Die Enden der Zügel werden verschmolzen.

Mit Schiffchen sind die Zügel schnell befestigt.

Reiten ohne Grenzen ...

war der Traum von Ursula Feiler-Ninnig, seit sie ein Kind war. Als in den 80er-Jahren die Idee des Wanderns zu Pferde allmählich wiederentdeckt wurde, las sie von einem Pilotprojekt »Wanderreiten« des Landesverbandes Rheinland-Pfalz, schloss sich den ersten Ritten an und blieb dabei. Diese Wanderreiter der ersten Stunde mussten viele schmerzhafte Erfahrungen machen. Eine pferdeschonende, praktische Ausrüstung für diesen speziellen Zweck gab es noch nicht. Die Kenntnisse darüber, wie man ein Pferd über Tage gesund und reittauglich erhält, waren vergessen und eine den besonderen Anforderungen entsprechende Ausbildung für Reiter und Pferd existierte ebenfalls nicht.

In dieser Zeit entstand eine Gruppe von engagierten Wanderreitern in Rheinland-Pfalz, die vor diesen Problemen nicht kapitulierte, sondern sich zur Aufgabe machte, ein Ausbildungskonzept zu erstellen und an die jahrhundertealten Traditionen des Überlandreitens anzuknüpfen. Es war nicht einfach, die spärlich vorhandenen Kenntnisse »auszugraben« und zu sammeln. Man

Auf ins Unbekannte! Die Altér Real-Stute Impala ist fertig ausgestattet mit Kopfstück, Vorderzeug und Sattelgurt aus der Werkstatt ihrer Besitzerin. Die obere Satteldecke ist ein Kelim, in den hinten Taschen eingearbeitet wurden (vgl. S. 30).

Ursula Feiler-Ninnig mit einem anderen Vorderzeug und ihrem verstellbaren Rahmen. Sie möchte zur Individualität ermutigen, jeder sollte die Farben und Muster wählen, die zu ihm und seinem Pferd passen.

studierte die historische Entwicklung der Reiterei, die Vorschriften der Kavallerie und schaute sich in anderen Ländern und Kulturkreisen um. Der Aufbau von Militärsätteln wurde analysiert, die ersten Steigbügel mit breiter Trittfläche wurden geschweißt – man musste selbst Hand anlegen, wollte man sich eine gute Ausrüstung beschaffen.

Damals entdeckte Ursula Feiler-Ninnig die Ausstattung der berittenen mexikanischen Hirten. Die farbenfrohen Vorderzeuge und Decken gefielen ihr und so ergründete sie deren Herstellung, begann erste Proben zu knüpfen und experimentierte mit verschiedenen Materialien. Der Umgang mit Farben und Mustern fiel der Bauzeichnerin und Hobbymalerin nicht schwer und so entstanden bald die ersten Vorderzeuge auf selbstgezimmerten Knüpfbrettern in einer besonderen Technik. Hierbei werden zwischen zwei auf dem Brett fixierten Ringen Trägerschnüre gespannt, auf die mit bunter Wolle Knoten geschlungen werden. Die Knüpftechnik selbst ist denkbar einfach und besteht nur aus so genannten »halben Schlägen« (vgl. nächste Seite und S. 64). Die Trägerschnüre werden im beknüpften Teil dabei nach und nach völlig zugedeckt. Es entsteht ein festes, aber schmiegsames Gewebe. Die Technik erlaubt eine freie Mustergestaltung, der Phantasie sind keine Grenzen gesetzt.
Ein gut sitzendes, bequemes Vorderzeug ist beim Wanderreiten sehr wichtig. Es hält den Sattel, der durch die Packtaschen schwerer ist als sonst, am Platz und verhindert auch bei steilen Bergstrecken, dass er ins Rutschen kommt. Zudem muss man den Sattelgurt nicht so fest schnallen, wenn ein passgenaues Vorderzeug einen Teil der Haltefunktion übernimmt.
Für Ursula Feiler-Ninnig ist der Traum vom grenzenlosen Reiten wahr geworden. Wenn Beruf und Familie es gestatten, bricht sie in den schönen Monaten des Jahres mit einem ihrer Pferde zu langen Ritten über Land auf. Nach wie vor engagiert sie sich in der Fortbildung von Freizeitreitern zu Wanderreitern (näheres dazu auf der Homepage), bei genügend Interessenten ist sie auch bereit, Kurse zum Vorderzeug-Knüpfen zu geben.

Ursula Feiler-Ninnig
In der Krepp 1
66265 Heusweiler
Tel.: 06806/5595

Geknüpftes Vorderzeug

Ein Vorderzeug à la Feiler-Ninnig wird mit relativ feiner Baumwolle (etwa Nadelstärke 3–4) über Polypropylenschnur aus dem Baumarkt geknüpft. Das feine Material und die hohe Zahl der Trägerschnüre lassen eine ungeheure Mustervielfalt zu. Die drei benötigten Ringe werden bei ihr aus Polyschnur selbst gearbeitet. Das hat den großen Vorteil, dass man das Vorderzeug ohne Einschränkungen in der Waschmaschine waschen kann.

Blautöne passen gut zu Schimmeln.

Messen Sie zunächst an Ihrem (gesattelten) Pferd aus, wie lang die Seitenteile des Vorderzeugs werden sollen, und zwar von der Mitte der Brust bis kurz vor den Sattel. Bedenken Sie, dass noch ein Riemchen dazukommt, das den oberen Ring mit dem Sattel verbindet! Bauen Sie sich dann einen einfachen Knüpfrahmen aus Resten von Brettern, wie es Abb. A zeigt. Die Nägel werden genau in dem Abstand eingeschlagen (bzw. die Schrauben eingedreht), den Sie als Länge für ein Seitenteil ermittelt haben. Lassen Sie sie nicht zu lang herausstehen, das ist unangenehm beim Knüpfen.

Die Ringe nähen Sie aus Polyschnur selbst. Dazu schneiden Sie sich 1,25 m Schnur ab, verschmoren die Enden mit dem Feuerzeug und legen dann die Schnur fünffach zu einem Ring von 8 cm Durchmesser. Das geht ganz einfach, indem Sie die Schnur um eine Tasse oder Flasche passender Größe wickeln. Verdrehen Sie die Stränge ein wenig in sich und fixieren Sie das Ganze vorläufig mit einigen Streifen Tesafilm. Schneiden Sie sich eine gute Armlänge Zwirn ab und wachsen Sie den Faden mit der Kerze oder dem Wachskästchen. Jetzt fädeln Sie den Zwirn in die Stopfnadel (Faden liegt doppelt!), machen einen Knoten und beginnen, rund um und durch den Schnurkringel zu nähen (vgl. Abb. B, der Ring ist mit grünem Zwirn genäht). Verbinden Sie die Schnüre so lange untereinander, bis sich keine Schlinge mehr abspreizt. Es ist egal, wenn der Ring jetzt noch nicht gut aussieht, er wird später ohnehin von Schnurschlingen bedeckt.

Sie benötigen drei Ringe. Zwei davon streifen Sie über die Nagelreihen im Rahmen und beginnen damit, die Trägerschnüre einzufädeln. Für ein Seitenteil des Vorderzeugs benötigen Sie etwa 8–10 m Schnur. Messen und schneiden Sie sich 10 m ab, verschmoren Sie die Enden und wickeln Sie ein Knäuel.

A

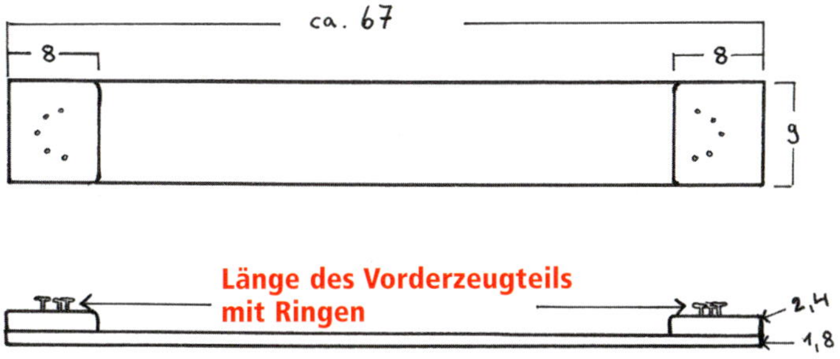

So zimmern Sie sich einen einfachen Knüpfrahmen. Die oberen beiden Brettchen werden aufgeleimt und sollten dick genug sein, damit Sie Platz für Ihre Finger beim Knüpfen haben. Als Holz können Sie verwenden, was Sie gerade da haben, nur schön glatt sollte es sein. Falls Sie Spaß am Knüpfen bekommen: Nette, befreundete Hobbyschreiner sägen Ihnen vielleicht ein schlankes Oval aus dem Innenteil heraus und runden die Ecken ab. Der Rahmen wird dadurch deutlich leichter und »urlaubskoffertauglich«.

Die Abb. C zeigt Ihnen, wie die Schnur auf die Ringe gefädelt wird. Mit dem Knäuel gehen Sie zwischen den Ringen hin und her und bilden die Schlingen, bis Sie 21 Trägerschnüre gespannt haben. Versuchen Sie nicht, die Schnüre gleich ganz fest zu spannen, das gelingt sowieso nicht. Anfang und Ende der Schnur lassen Sie jeweils gut 1,50 m hängen, damit werden später die Ringe umwickelt. Nun markieren Sie sich mit einer Wäscheklammer die mittlere Schnur und beginnen seitlich davon, die Schnüre nachzuziehen und festzuspannen. Dazu ziehen sie eine Schnur mit einer Hand straff und zupfen mit der anderen Hand an der Nachbarschnur, um die überflüssige Länge wegzuziehen. Wenn sich die Schlinge um den Ring festgezogen hat,

B

So sieht der bespannte Rahmen aus.

Sie benötigen:

30 m Polyschnur (3 mm stark) in schwarz, je ein Knäuel Baumwollgarn »Catania« von Schachenmayr (bleu/Nr. 103, azur/ Nr.174, jeansblau/ Nr.164) oder ähnliches Garn, Schere, festen Zwirn, kräftige Stopfnadel, kleines Lineal oder Handmaß, Metermaß, Bienenwachskerze oder Wachskästchen aus dem Nähbedarf, Stricknadel mittlerer Stärke (zum Lösen falscher Knoten), Tesafilm, einige Wäscheklammern. Wer die Ringe nicht selbst fertigen will, braucht noch drei Metallringe (Edelstahl!) von ca. 8 cm Durchmesser. Für den Rahmen Reste von Holzbrettern (s. Abb. A), Nägel oder Schrauben von knapp 4 cm, Leim, Säge

C

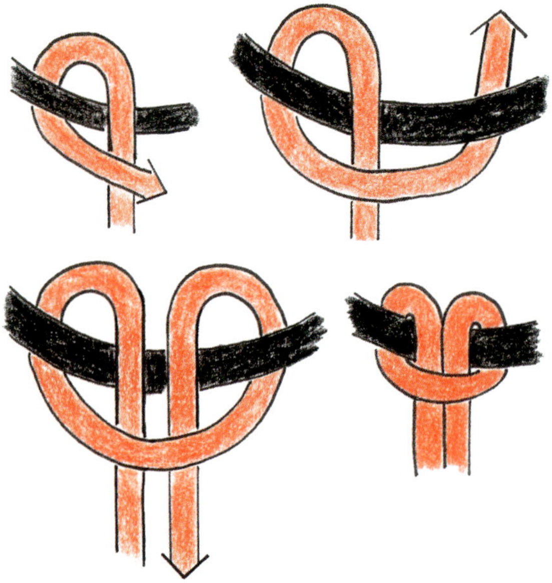

Mit der Brezelschlinge hängen Sie die Schnur an den Ringen auf. Die Schnur für die Spannfäden ist rot dargestellt.

D

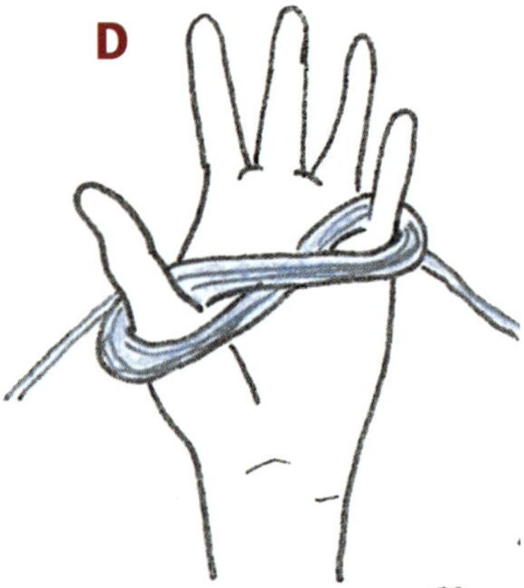

Das Arbeitsknäuel: erst eine Acht schlingen und dann sehr fest umwickeln.

hilft die Stricknadel. Sie arbeiten sich von der Mitte nach außen hin vor und werden am Schluss vermutlich fast einen Meter an überflüssiger Schnur »hinterherziehen«. Wenn die eine Hälfte gestrafft ist, gehen Sie wieder von der Mitte zur anderen Seite genauso vor. Das Straffen ist mühsam, aber notwendig, damit die Knüpferei nachher gut aussieht. Zum Schluss sollte eine Schneiderschere, auf die Fäden gelegt, kaum einsinken, dann ist die Spannung richtig. Um mit der Wolle gut zwischen den Reihen durchzukommen, wickeln Sie sich schmale, wurstförmige, sehr fest gedrehte Knäuel, wie sie Abb. D zeigt.
Die ersten 3–4 Reihen, die Sie knüpfen, sollten Sie mit einer dunklen Farbe über die ganze Breite (alle 21 Schnüre) arbeiten. Damit halten Sie sich die Trägerschnüre schön nebeneinander, die anfangs noch das Bestreben haben, sich übereinander zu schieben und schaffen eine saubere Grundlage für Ihr Muster. Direkt am Ring ist die »Krümmung« noch sehr stark und das Muster verzerrt sonst leicht.
Das eigentliche Knüpfen ist ganz einfach. Die Nummerierung der Spannfäden ersehen Sie aus Abb. F, Sie zählen immer von links. Beginnen Sie auch von links, lassen Sie den Faden etwa 20 cm lang hängen, führen Sie das Knäuel unter dem Spannfaden Nr. 1 durch und kommen Sie zwischen Spannfaden 1 und 2 nach oben. Jetzt halten Sie den Restfaden mit der linken Hand fest (Sie können ihn auch mit einer Wäscheklammer irgendwo festklemmen) und den ersten Spannfaden ein bisschen hoch, während sie mit der rechten zwei halbe Schläge nach rechts um den ersten Spannfaden ausführen (vgl. Abb. E1) und die Knoten

Zwei halbe Schläge (= ein Rippenknoten nach rechts)

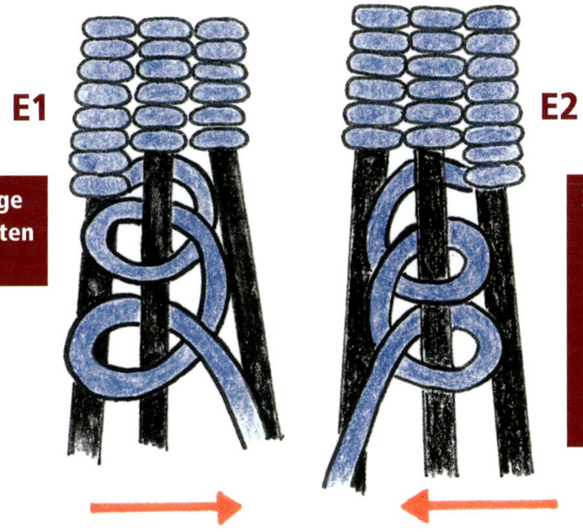

Zwei halbe Schläge nach links – Der halbe Schlag ist einfach nur eine Schlaufe über eine zweite Schnur. Erst ein weiterer halber Schlag ergibt einen festen Knoten – den Rippenknoten.

Damit das Muster aufgeht

Wenn Sie an einem Farbblock über sechs Spannfäden arbeiten und auf drei verringern müssen, weil eine Säule ihre Höhe schon erreicht hat, müssen Sie aufpassen, dass Sie mit der Zahl der halben Schläge in der Hin- und Rückreihe hinkommen. Sie können auch mal in einer Reihe nur einen halben Schlag knüpfen (gut festziehen!), um nicht zu stark an Höhe zu gewinnen, oder mal drei, um einen Höhenunterschied auszugleichen.

Fäden verwahren

Die hängengebliebenen Restfäden können Sie einfach mit dem Arbeitsfaden mit umschlingen, wenn Sie an dem benachbarten Spannfaden arbeiten. Wenn etwa 6 Rippenknoten auf ihm sitzen, kann der Restfaden abgeschnitten werden. Die andere Möglichkeit ist, dass Sie nach Beendigung der Arbeit alle Restfäden sehr sorgfältig auf der Rückseite des Stückes mit einer Nadel verwahren, so dass sich kein Knoten lösen kann. Dabei können Sie auch lose »Farbsäulen« verbinden.

Arbeitshaltung

Legen Sie beim Knüpfen den Rahmen auf einen Tisch oder setzen Sie sich auf ein Bodenkissen, klemmen Sie sich den Rahmen zwischen die Beine und lehnen Sie das obere Ende an einen Beistelltisch oder ähnliches. Achten Sie auf einen geraden Rücken.

Wenn es eng wird

Wenn die Schnüre fast komplett mit geknüpften Knoten bedeckt sind, bekommt man das Arbeitsknäuel kaum noch durchgezogen. Dann fädeln Sie den Knüpffaden einfach in eine dicke Wollnadel.

Das Muster entwickelt sich in Richtung der Zentimeterskala (schwarze Zahlen). Während der Arbeit schauen Sie aber andersherum, deshalb steht die Nummerierung der Spannfäden (rote Zahlen) scheinbar auf dem Kopf.

F

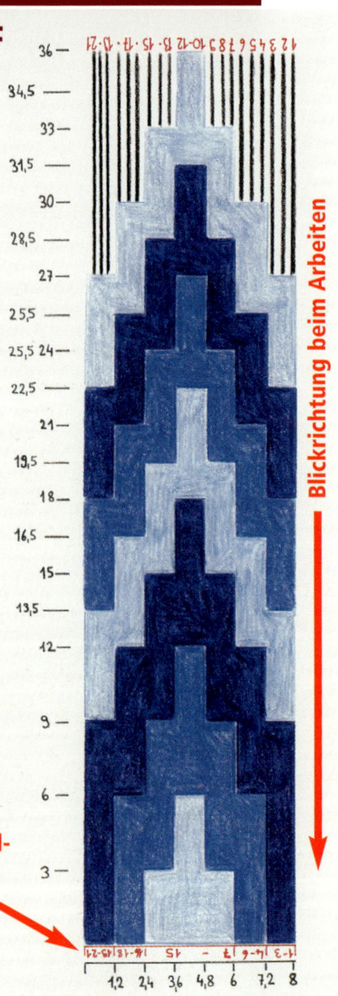

nach oben zu festziehen. Danach schlüpfen Sie mit dem Knäuel unter dem Spannfaden 2 hindurch nach rechts, kommen zwischen Spannfaden 2 und 3 hoch und führen wieder zwei halbe Schläge aus, jetzt über Faden 2. Gut festziehen, wieder runter und weiter nach rechts – so geht es immer weiter, bis Sie an Spannfaden 21 angekommen sind. Hier arbeiten Sie vier halbe Schläge nach rechts und ziehen den Wollfaden fest. Jetzt ändert sich die Arbeitsrichtung: Sie führen das Knäuel unter Spannfaden 21 und 20 nach links und kommen zwischen 20 und 19 nach oben. Auf Faden 20 knüpfen Sie dann zwei halbe Schläge nach links, wie in Abb. E2 gezeigt, danach auf Faden 19, 18 usw.

Ganz links angekommen, knüpfen Sie vier halbe Schläge nach links auf Spannfaden Nr. 1 und wandern danach wieder nach rechts. Nach vier Reihen schneiden Sie den dunklen Faden nicht ab, sondern »parken« das dunkle Knäuel irgendwo am Rahmen mit Hilfe von Tesafilm, denn Sie brauchen es bald wieder. Nun beginnen Sie mit dem Muster nach Abb. F. Dazu führen Sie mit hellblauer Wolle über Spannfaden 7 zwei halbe Schläge aus, dann über Spannfaden 8, 9... bis 15. Spannfaden 15 bekommt vier halbe Schläge nach rechts, danach wandern Sie wieder nach links. Über die mittleren neun Spannfäden entsteht so ein hellblaues Rechteck. Wenn es 3 cm lang geworden ist, arbeiten Sie nur noch über die mittleren drei Spannfäden (Nr. 10, 11, 12), bis auch diese mittlere Säule 3 cm lang ist (6 cm von unten). Schneiden Sie den Faden ab (etwa 20 cm hängen lassen!) und beginnen Sie mit dem mittelblauen Block. Der beginnt an der Grundlinie und läuft über die Spannfäden 4–6, ab 3 cm Höhe über die Fäden 4–9, ab 6 cm Höhe über die Fäden 7–15 und ab 9 cm Höhe nur noch über die Fäden 10–12. Dann endet er, allerdings müssen Sie jetzt noch eine Fläche rechts neben der hellblauen nacharbeiten. Sie beginnen mit mittelblau bei der Grundlinie und arbeiten über die Fäden 16–18, ab 3 cm Höhe über 13–18. Bestimmt haben Sie das Grundprinzip des Musteraufbaus jetzt verstanden: Die drei Farben liegen treppenförmig übereinander, anfangs sind die einzelnen »Säulen« 3 cm hoch, später strecken sie sich und werden 4,5 cm hoch, das ersehen Sie aus Abb. F. Wenn Sie mit dem Muster fertig sind, bleiben die restlichen Spannfäden so stehen, wie auf dem Foto zu sehen ist. Eine andere Möglichkeit sehen Sie beim Vorderzeug von Ursula Ninnig auf S. 54. Hier sind die verbliebenen Spannfäden in Gruppen farbig umwickelt. Lösen Sie jetzt diese Hälfte des Vorderzeugs vom Arbeits-

brett und schlingen Sie neue Spannfäden zwischen dem Ring an der Grundlinie und dem dritten Ring. Die zweite Hälfte wird spiegelbildlich genauso gearbeitet.
Zum Schluss umwickeln Sie die Ringe alle mit Brezelschlingen (mit der Sie auch die Spannfäden aufgehängt haben) aus der schwarzen Polyschnur. An dem Lederriemchen, das die oberen Ringe und den Sattel verbindet, sollten Sie einen Schnapphaken anbringen, um das Vorderzeug zum Weiden und Trinken schnell abnehmen zu können. Eine einfache Schnur zwischen Schnapphaken und Sattelring dient als »Fangriemen« und erlaubt Ihnen, das Vorderzeug lose hängen zu lassen, ohne es komplett abnehmen zu müssen. Je nach Halsansatz des Pferdes ist die Verwendung eines Bauchriemens notwendig und sinnvoll. Dieser kann ein Lederriemen sein, Sie können ihn aber auch aus Polyschnur flechten und eine Schlaufe für den Sattelgurt machen bzw. einen Schnapphaken einarbeiten, wenn Ihr Sattelgurt eine Metallöse in der Mitte aufweist.

Die skandinavische Variante

Die Wanderreitausbilderin und Fjordpferdezüchterin Rainhild Wenzel fertigt in der hier gezeigten Grundtechnik ebenfalls Vorderzeuge für ihre Pferde. Sie bevorzugt kräftige Wolle, auch für die Spannschnüre, und entwirft großflächigere, skandinavisch wirkende Dessins, die vielen Ponyrassen ausgezeichnet stehen. Durch das Material und eine kleine Variante in der Technik entsteht hier das Muster zügiger, man ist schneller fertig. Auf S. 32 sehen Sie von ihr eine Satteldecke mit Taschen, die in Farbe und Material zum Vorderzeug passt. Ein Beweis für die Dauerhaftigkeit und Robustheit dieser Ausrüstung: Rainhild Wenzel war mit ihren Pferden bereits mehrfach Mitglied der Nationalmannschaft für die Weltchampionate im Wanderreiten (nach FITE-Reglement). Wer sich für diese nordische Variante interessiert, bekommt beim Rosenhof nähere Informationen.

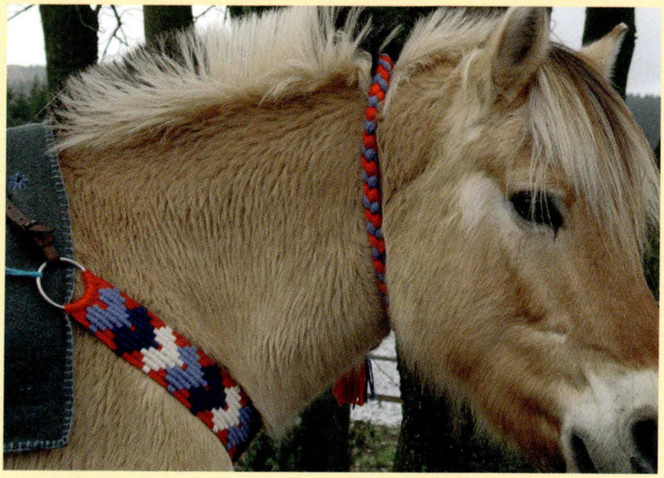

Rainhild Wenzel
Rosenhof
54422 Züsch
Tel.: 06503/980520
www.reiten-rosenhof.de

Fantasie in Knoten …

ist für **Marion Kuehn-Doß**, die Gründerin und Inhaberin der Firma Fantastic Rope, das tägliche Brot. In ihrer Manufaktur entstehen robuste und praktische Knotenhalfter, Arbeitsseile und Zügel, aber auch wunderschöne Kunstwerke aus Knoten, Perlen und Ideen. Wie kam es dazu? Schon als kleines Kind liebte Marion Kuehn-Doß Pferde und bastelte bunte Halfter aus allen Materialien, die sie in die Finger bekommen konnte, lange bevor sie endlich mit 12 Jahren reiten lernen durfte. Das Künstlerische

So etwas hat nicht jeder: Das handgeknüpfte Show-Outfit bringt Rasse und Schönheit der Araberstute sehr gut zur Geltung. Ghalia el Rih war der erste Araber von Marion Kuehn-Doß (mittlerweile züchtet sie selbst) und trägt ihre Tochter Lisa auf dem Rücken.

liegt in der Familie und so setzte sie sich beruflich mit Siebdruck, Kupfer-Radierungen und Floristik auseinander. Ihre Freizeit gehörte den Pferden. Als sie 1994 das Parelli-System kennen- und schätzen lernte, dauerte es nicht lange, bis sie ein Knotenhalfter zerlegte, studierte und damit begann, eigene Halfter zu knüpfen. Das war die Geburtsstunde von »Fantastic Rope«, die Ideen zu Zäumen und Zügeln kamen von selbst und nun bietet die kleine Firma fast 100 verschiedene Produkte an. Marion Kuehn-Doß bekommt ihre Inspirationen von überall her, in ihren Kopfstücken und Vorderzeugen kombiniert sie Makramee-Techniken mit Flechtmustern, Knüpf- und Näharbeiten. Mit manchen Stücken steht sie dabei in einer sehr alten künstlerischen Tradition: Die schönen Steinreliefs von Niniveh (heute Britisches Museum, London) zeigen, dass schon die Assyrer ihre Pferde mit prächtigen Decken schmückten, die mit Quasten und Fransen reich verziert waren. Kein Wunder, dass solche Designs vor allem Arabern und Berbern hinreißend stehen. Allerdings bevorzugt Marion Kuehn-Doß moderne, haltbare und pflegeleichte Materialien, die sich nicht verkürzen oder ausdehnen und die vor allem nicht abfärben.

Schneiden, schlingen, knoten: Bis so ein handgefertigtes Objekt fertig ist, braucht es Können, Geduld und Kraft. Marion Kuehn-Doß in ihrer Werkstatt.

Marion Kuehn-Doß bietet bei entsprechender Zahl von Interessenten Kurse an, fertigt nach individuellen Wünschen und hat eine eigene Homepage, auf der man einen Eindruck davon bekommt, was mit »Seilerwaren« alles möglich ist.

Marion Kuehn-Doß
Haverländerstr. 22
39615 Groß Garz
Tel.: 039398/93766
Email: Trixieshome@aol.com
www.fantastic-rope.de

Stirnband mit Perlen

Quarterwallach Jackies Lucky Boy trägt stolz seinen individuellen Stirnschmuck.

Selbst wenn Sie noch nie geknüpft haben, können Sie so ein schönes Stirnband an einem ruhigen Abend fertig stellen. Das Material ist preiswert und Sie brauchen kein besonderes Werkzeug dazu – nur ihre Hände. Solche Stirnbänder passen an jedes Zaumzeug und stehen jedem Pferd, wenn Sie die Farben auf die Fellfarbe und das Leder des Zaumzeugs abstimmen.

Kontrollieren Sie zunächst, ob das Baumwollgarn durch die Löcher der Perlen hindurchpasst (durch die grünen müssen zwei Fäden passen). Wenn das nicht der Fall sein sollte, müssen Sie die Perlen aufbohren. Wie das geht, beschreibe ich auf meiner Hompage.

Schneiden Sie sich vom Baumwollgarn zehn Fäden ab. Die Länge sollte 5 x die gewünschte Länge des Stirnbands betragen. Machen Sie nach etwa 10 cm einen Knoten in das Fadenbündel und stecken Sie diesen mit einer Sicherheitsnadel an Ihrer Hose fest (am Oberschenkel). Tragen Sie am besten eine Hose in Kontrastfarbe zu dem Stirnband. Zu Anfang sind die Fäden sehr lang, um sie zu bändigen können Sie jeden einzelnen zu einem kleinen Knäuel wickeln und dieses mit einem Gummiband sichern. Legen Sie sich die Perlen und die Anleitung zurecht und setzen Sie sich bequem hin.

Das Stirnband wird aus Rippenknoten gearbeitet (auch Doppelschlag genannt), die hier diagonal geknüpft werden. Teilen Sie die Fäden in zwei Gruppen zu jeweils fünf und streichen Sie die linke Gruppe zunächst ganz zur Seite. Von den verbleibenden fünf Fäden wird nun der ganz links Ihr »Trag- oder Leitfaden«. Auf ihn werden gleich mit den anderen vier Fäden (den »Arbeitsfäden) die Knoten geknüpft, während er selbst nicht verschlungen wird, er läuft nur nach schräg rechts unten und be-

A

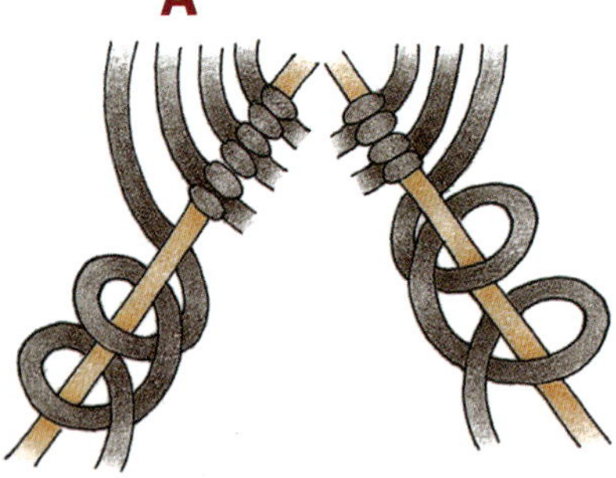

Rippenknoten diagonal nach außen

B

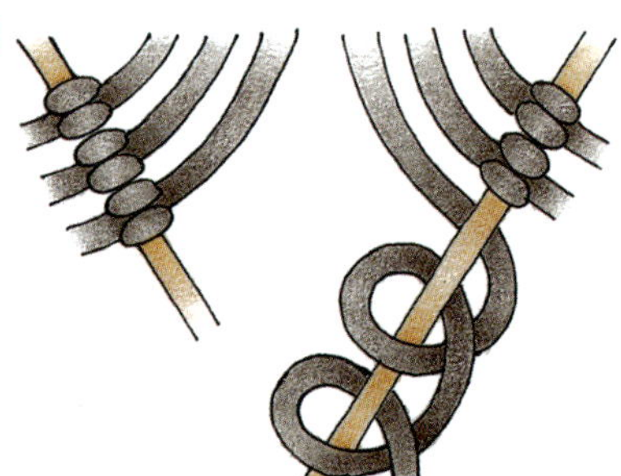

Rippenknoten diagonal nach innen

C

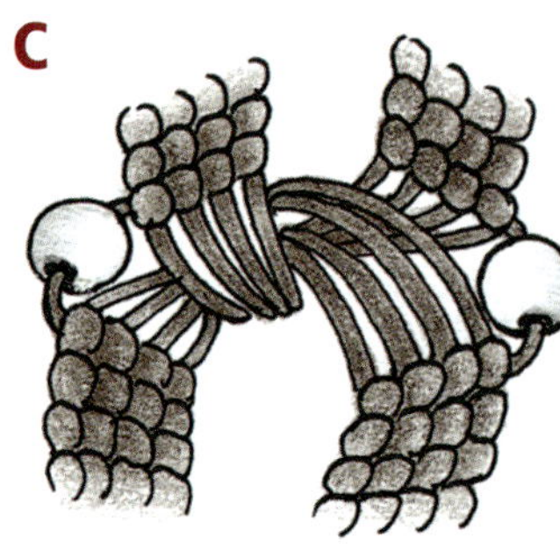

So verschlingen Sie die 2 x 4 Fäden miteinander.

stimmt die Richtung der Rippenknoten-Reihe. In der Abb. A ist der Leitfaden orange dargestellt. Sie legen den Leitfaden über die anderen in die gewünschte Richtung, halten ihn mit rechts schön straff und schlingen nun den zweiten Faden von links so um den Leitfaden, wie es die Abb. A zeigt. Achtung: Erst zwei Schlingen (zwei halbe Schläge), die fest gezogen werden, bilden einen Rippenknoten. Nun kommt der dritte Faden von links, dann der vierte und fünfte, mit allen knüpfen Sie einen Rippenknoten auf den Leitfaden. Ziehen Sie die Fäden stets gleichmäßig an. Wenn Sie fertig sind, müssten vier Rippenknoten nebeneinander auf dem schräg nach rechts verlaufenden Leitfaden sitzen. Direkt darunter setzen Sie dann eine weitere Rippenknotenreihe, wiederum ist der Faden, der jetzt am weitesten links liegt, Ihr Leitfaden. Wiederholen Sie eine solche Reihe noch ein drittes Mal. Jetzt gehen Sie bei der linken Fadengruppe spiegelbildlich genauso vor. Der Faden ganz rechts ist Ihr Leitfaden, Sie legen ihn über die anderen nach links unten und knüpfen vier Rippenknoten darauf. Auch hier arbeiten Sie drei untereinander liegende Rippenknotenreihen. Nun fädeln Sie auf den Faden ganz links und den ganz rechts eine weiße Perle auf. Die restlichen Fäden verschlingen Sie so, wie es Abb. C zeigt. Anschließend werden die Fäden, die von den weißen Perlen kommen, Leitfäden, die jeweils von außen diagonal nach innen führen, wie Sie es in Abb. B sehen können. Arbeiten Sie wieder auf jeder Seite drei Rippenknotenreihen zu je vier Knoten, nur jetzt zur Mitte hin. Die beiden mittleren Fäden werden dann durch eine grüne Perle geführt und die restlichen Fäden vorsichtig gespannt, wie es Abb. D zeigt. Jetzt beginnen Sie mit den Arbeitsschritten von vorne: Die beiden mittleren Fäden (aus der Perle) sind die nächsten Leitfäden und Sie knüpfen auf jeder Seite wieder drei Rippenknotenreihen nach außen. Wiederholen Sie alles, bis Sie die gewünschte Länge des Stirnbandes erreicht haben und machen Sie dann einen Knoten mit allen 10 Fäden. Die überhängenden Fäden an beiden Enden des Stirnbands verflechten Sie zu jeweils zwei Zöpfchen, die 8–10 cm lang sein sollten. Stecken Sie nun mit Stecknadeln das fertige Stirnband auf eine gepolsterte Unterlage, z.B. ein Bügelbrett und spannen Sie dabei vorsichtig auch alle Bögen und Schrägen. Sprühen Sie alles gut mit Sprühstärke ein und lassen Sie es über Nacht trocknen. Aus dem Garn können Sie noch kleine Troddeln fertigen und mit einigen Perlen verzieren. Das Stirnband wird mit den Zöpfchen einfach an die Backenstücke der Trense gebunden, die Troddeln verdecken auf hübsche Weise die Knotenstelle.

Sie benötigen:

gut gedrehtes, mercerisiertes Baumwollgarn (etwa Nadelstärke 2,5–3,5) in Dunkelbraun (hier »Catania« von Schachenmayr, Farbe 0162), ein Tütchen grüne Holzperlen (8 mm Durchmesser), ein Tütchen weiße Holzperlen (6 mm Durchmesser), Sprühstärke, Schere, breites, weiches Gummiband, große Sicherheitsnadel, Haushaltsgummis, dickere Stopfnadel, Stecknadeln, Bügelbrett o.ä.

D

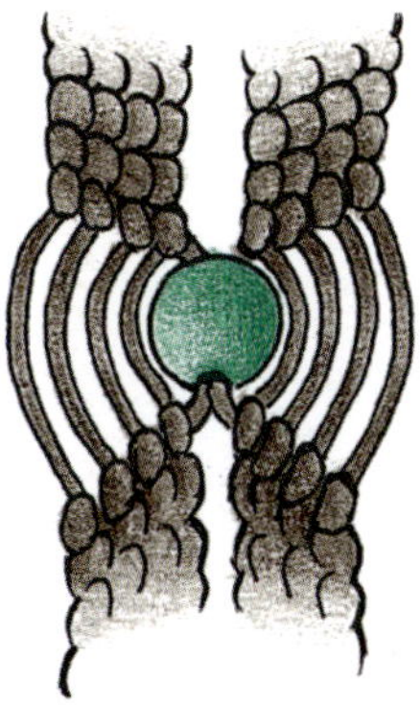

Die Fäden um die Perle bilden hübsche Bögen.

Karten sind Trumpf ...

Berberhengst Borak mit einem Kopfstück, bei dem ca. 100 Seidenfäden in verschiedenen Blautönen einen zarten Farbverlauf bilden.

bei Ruth Körber! Zwar ist die Meisterin im Webhandwerk Herrin über 14 (!) Webstühle, die in ihrem Atelier in Aidlingen bei Stuttgart stehen – so richtig interessant wurde sie für Pferdefreunde aber erst, als sie eine alte Webtechnik wiederentdeckte, für die man gar keinen Webstuhl braucht – das Kärtchen- oder Brettchenweben. Bei dieser Webtechnik entstehen sehr dicke, reißfeste und doch geschmeidige Bänder, weshalb sie sich ideal für Trensen und Zügel eignen. Ruth Körber als Textildesignerin war zunächst vor allem von der Mustervielfalt fasziniert, die beim Kärtchenweben möglich ist. Da sie aber, genau wie ihre beiden Töchter, leidenschaftliche Pferdenärrin ist, lag es nahe, Beruf und Hobby zu verbinden. Für die eigenen Pferde entstanden die ersten Zügel und Zaumzeuge und bestanden den harten Dauertest hervorragend. Das verwundert einen nicht mehr, wenn man sich die Herstellung der gewebten Bänder näher betrachtet. Die langen, bunten Seiden- oder Baumwollfäden werden in gelochte, viereckige Karten eingezogen, die den Fadenwirrwarr schön geordnet halten. Wenn man die Karten dreht, verändert sich die Anordnung der Kettfäden und so entsteht ein Muster. Damit die Fäden straffgehalten werden und sich nicht verwirren, bindet man sie an einer Türklinke oder einem Balken fest und knotet das andere Ende an eine Schnur, die man sich um den Bauch bindet. Das Gewebe entsteht, indem man einen Querfaden durch die Kettfäden zieht. Während des Webvorgangs werden die Kettfäden umeinander gedreht, verbunden und verzwirnt, und so entsteht ein sehr belastbares Gewebe.

Das Vorführhalfter mit feinem schwarz-weißem Muster betont die Schönheit von Araberhengst Karacal.

Ruth Körber hat vom zarten Seidenschal bis zum dicken Bildteppich schon viele Unikate hergestellt und ihre Werke auf zahlreichen Ausstellungen im In- und Ausland präsentiert. Ein ganz besonderes Anliegen ist es ihr aber, ihre Kenntnisse weiterzugeben. Deshalb stellt die Aus- und Weiterbildung von Textilhandwerkern, Lehrern und allen, die Lust zum Weben haben, einen wichtigen beruflichen Schwerpunkt dar. Im Atelier kann man sich stunden- oder tageweise einen Webstuhl mieten oder an einem der vielen Wochenendkurse in dieses Handwerk »reinschnuppern«. Wenn sich genug Interessenten finden, gibt Ruth Körber auch an anderen Orten Kurse im Kärtchenweben. Dann packt sie das Auto voll mit schimmernden Garnrollen und einen zerlegbaren Webstuhl obendrauf – vielleicht möchte sich ja jemand eine Satteldecke oder ein Pad weben? Die fröhliche Schaffensfreude der Schwäbin ist sehr ansteckend und wenn man den Bogen raus hat, will man gar nicht mehr aufhören. Brettchenweben geht im Vergleich zu vielen anderen Techniken flott voran, so dass man rasch ein Ergebnis sieht. Ruth Körber hat eine eigene Homepage für das Atelier, vereinbart Kurse auch mal individuell und fertigt Pferdezubehör auch nach Kundenwünschen.

Ruth Körber
Forchenweg 33
71134 Aidingen
Tel.: 07034/645839
Email: info@partsofloom.de
www.partsofloom.de

So sieht eine Kärtchenweberin bei der Arbeit aus: Die Kärtchen hat man vor sich, beim Drehen weichen die Kettfäden geordnet auseinander.

Kärtchengewebtes Kopfstück

Um Sie mit dem Brettchenweben vertraut zu machen, habe ich ein einfaches, aber wirkungsvolles Muster für eine Trense gewählt. Der Mustereinzug ist für beide Farben angegeben, die Anleitung erklärt exemplarisch die Herstellung des rot-orangen Kopfstücks. Wenn Sie andere Farben verwenden wollen, zeichnen Sie sich den Mustereinzug einfach um und machen alles andere genauso. Das Band wird 2 cm breit. Lesen Sie sich die Anleitung ganz durch, bevor Sie beginnen und lassen Sie sich von den notwendigen Vorarbeiten nicht abschrecken – das Weben selbst ist sehr entspannend.

Na so was – du trägt ja das gleiche Muster wie ich! Baronesa del Paso mag zu ihrem schwarzen Fell Rot- und Orangetöne. Zu Schimmel Justin passen eher kühle Blau- und Türkistöne. Das Muster sieht auch in vielen anderen Farben gut aus.

Messen Sie zunächst an einer Trense, die Ihrem Pferd gut passt, wie lang Genick- und Stirnteil werden müssen. Das Band für das Stirnteil müssen Sie dann etwa 12 cm länger weben (es wird um das Genickstück genäht), das Genickstück dagegen etwa 4 cm kürzer, damit Sie noch Platz haben, um das Gebiss daran zu knoten. Die Kettfäden müssen aber wesentlich länger abgemessen werden als das Band, das man weben möchte, weil am Anfang und Ende der Kette für die Knoten und den Spielraum zum Drehen der Kärtchen Platz benötigt wird (der so genannte »Kettabfall«). Man rechnet: Gewünschte Länge des Werkstücks + 1 m = Länge der Kettfäden.

Die beiden Bänder werden getrennt gewebt, denn für das Genickstück werden an beiden Seiten aus dem Kettabfall die Aufhängezöpfchen geflochten. Beginnen Sie mit dem Stirnband, denn am Anfang des gewebten Bandes wird das Muster noch nicht so schön und hier können Sie es einfach abschneiden. Beim Genickstück haben Sie dann schon den »Dreh« raus. Aus der Musterzeichnung (Abb. C) können Sie abzählen, wie viele Kettfäden Sie für jede Farbe brauchen, denn jedes Kästchen steht für einen Kettfaden. Sie benötigen also 20 mandarinefarbene Fäden, 16 karminrote, 10 apricotfarbene und nur zwei grellorange. Alle Fäden sollten genau gleich lang sein. Am einfachsten bekommen Sie das hin, wenn Sie zwei Schraubzwingen an einem Tisch befestigen (vgl. Abb. B), halb so weit entfernt, wie der Kettfaden lang werden soll. Wenn die Kettfäden 2 m lang werden sollen, schrauben Sie die Zwingen also 1 m voneinander entfernt auf die Tischplatte. Mit dem Wollknäuel gehen Sie jetzt so viele Runden um die Zwingen, wie Sie Fäden brauchen. An einer der Zwingen schneiden Sie den Strang dann durch und legen das Fadenbündel über eine Stuhllehne oder ähnliches. Wenn Sie keine Zwingen haben, setzen Sie einfach zwei Stühle umgekehrt auf einen Tisch und beschweren sie mit dicken Büchern.

Für den »Schussfaden« wickeln Sie sich mandarinefarbenes Garn auf das Schiffchen, wenn Sie eines haben. Andernfalls wikkeln Sie sich einen »Schmetterling«, indem Sie über Daumen und kleinen Finger der gespreizten linken Hand viele Achter aus Garn legen und die Mitte der Acht anschließend fest umwickeln. Sind alle Farben abgemessen, geht es ans Einziehen, dabei orientieren Sie sich an Abb. C und D1.

Das erste Kärtchen ist einfach: Sie fädeln vier mandarinefarbige Fäden von der Rückseite durch jedes der vier Löcher, ziehen bis etwa 20 cm Länge durch und machen einen Knoten. Dann legen Sie das erste Brettchen mit der Oberseite (= beschriftete Seite) nach unten auf einen Tisch (Kärtchen einfach umklappen), der Knoten liegt links, die Kettfäden rechts. Das zweite Kärtchen

Sie benötigen:

je ein Knäuel Baumwollgarn »Catania« von Schachenmayr in vier Farben, für die Farbvariante »Baronesa« Mandarine/Nr. 209, Hellapricot/Nr. 148, Dunkles Karminrot/Nr. 211 und Grellorange/Nr. 189, für die Variante »Justin« Petrol/Nr. 146, Helltürkis/Nr. 163, Dunkles Petrol/Nr. 221 und Weiß/Nr. 105, außerdem 12 Kärtchen, ein Schiffchen (oder ein Lineal), zwei Schraubzwingen zum Ablängen der Wolle, Schere, Maßband, Gummiband, zwei kräftige Baumwollschnüre, große Sicherheitsnadel, Stopfnadel mit großem Öhr

A

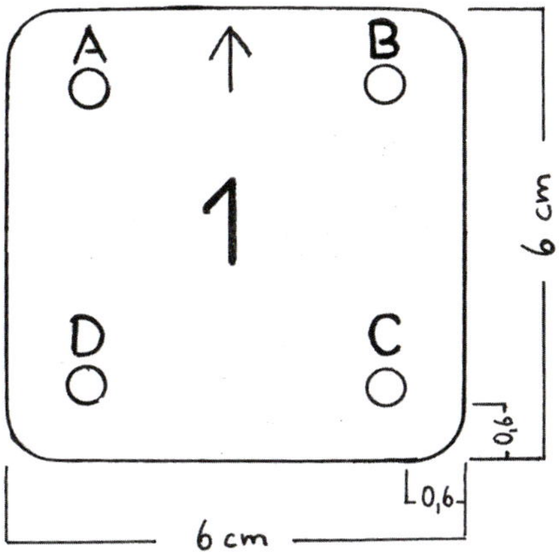

So sieht ein Kärtchen aus.

B

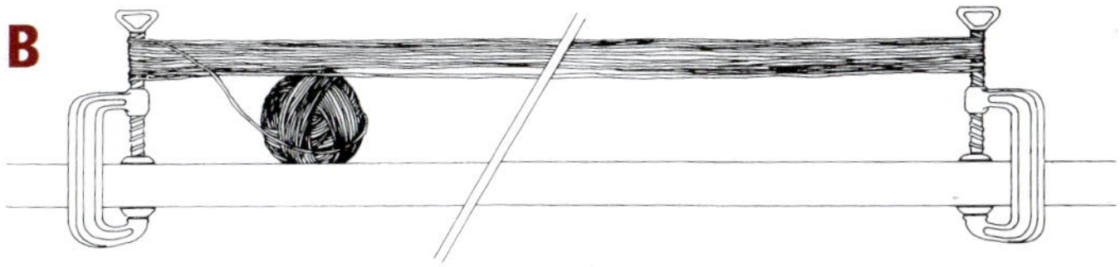

So messen Sie die Kettfäden gleichmäßig ab.

C

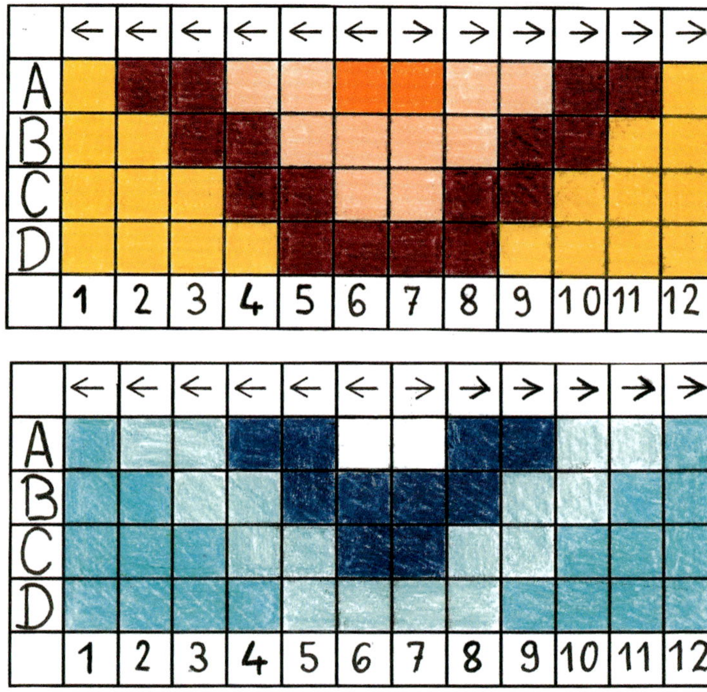

Das Muster zeigt Ihnen genau, wie Sie die Fäden in die Kärtchen einziehen müssen, also welche Farbe in welches Loch kommt. Die Zahlen stehen für die Kärtchen, die Buchstaben für die vier Löcher und die Pfeile zeigen die Einzugsrichtung an.

wird ebenfalls von der Rückseite aus eingezogen, durch Loch A kommt ein karminroter Faden, sonst nur mandarinefarbige. Legen Sie Kärtchen zwei, Beschriftung nach unten, Knoten links, auf das erste. So geht es nach dem Muster weiter. Kärtchen sechs würde also einen grellorangen Faden durch Loch A bekommen, zwei hellapricotfarbene durch Loch B und C, einen karminroten durch D. Ab Kärtchen sieben ändert sich die Einzugsrichtung, wie die Pfeile im Muster es andeuten, ab jetzt ziehen Sie die Fäden von der Oberseite nach hinten durch (vgl. Abb. D2). Sonst bleibt das Einzugsprinzip das gleiche, also grellorange durch Loch A usw. Die Einzugsrichtung muss einmal geändert werden, weil sich das fertige Band sonst in sich verdreht.
Wenn alle Kärtchen mit Fäden bestückt sind und auf einem Stapel liegen, streifen Sie ein Gummiband über den Kartenstapel, um ihn zusammenzuhalten. Wann immer Sie nicht weben oder eine Pause machen, sichern Sie den Stapel ab jetzt mit dem Gummiband – sonst gibt es Fadensalat! In die Seite des Fadenbündels, wo die kleinen Knoten liegen, machen Sie jetzt einen großen Knoten und binden eine kurze Schnurschlinge darum, wie in Abb. E zu sehen ist. Die Schlinge hängen Sie an eine Tür- oder Fensterklinke oder sonst einen festen Punkt, halten mit der linken Hand die Fäden straff und streifen mit der rechten das

D1

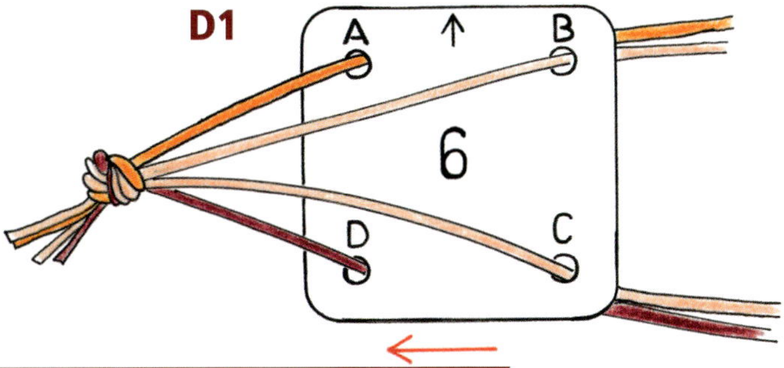

Einzug von hinten nach vorne (bzw. von rechts nach links), gezeigt ist Kärtchen 6.

D2

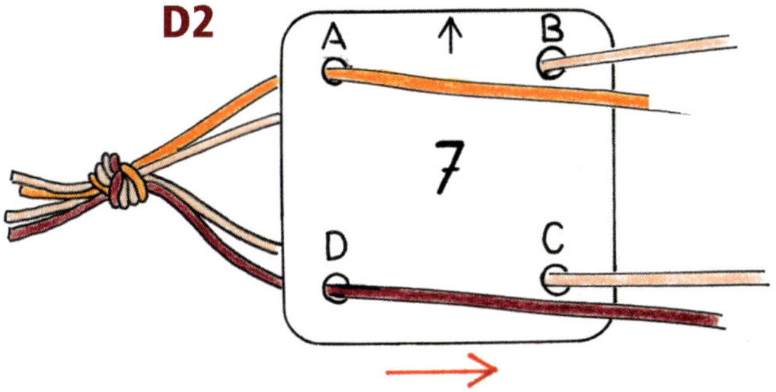

Einzug von vorne nach hinten (von links nach rechts), gezeigt ist Kärtchen 7.

Gummiband von den Karten. Jetzt »kämmen« Sie die Kettfäden aus, indem Sie, wie es Abb. E zeigt, den Kartenstapel locker halten und zu sich hin verschieben. Dabei ordnen sich die Fäden, die durch die Löcher der Karten laufen. Wenn es »hakt«, schütteln Sie die Karten etwas und helfen Sie vorsichtig mit den Fingern nach (an den Gummi denken, wenn Sie loslassen!). So ziehen Sie rückwärts gehend die Kärtchen bis etwa 20 cm vor das Ende der Kettfäden. Passen Sie auf, dass Ihnen die Karten nicht von den Fäden rutschen! Alle Kettfäden sollten jetzt geordnet sein und unter gleicher Spannung stehen, das überprüfen Sie, indem Sie noch einmal mit dem Kartenstapel hin- und herfahren. Streifen Sie den Gummi über die Karten und fassen Sie auch diese Fadenenden in einem großen Knoten zusammen.

Jetzt heißt es »anschnallen«: Um diesen Knoten binden Sie ein längeres Stück von der kräftigen Schnur und binden sich diese um die Taille. Nehmen Sie auf einem bequemen Stuhl Platz, Muster, Schiffchen (bzw. Lineal) und Anleitung neben sich und

Webkärtchen

Die Webkärtchen und das Schiffchen können Sie über Ruth Körber beziehen. Wenn Sie sich die Kärtchen selbst herstellen wollen, schneiden Sie sie nach Abb. A aus dünnem Karton oder Pressspan zu. Die Ecken sollten gerundet sein (Münzen sind gute Vorlagen), die Löcher können Sie mit einem Locheisen oder Bürolocher stanzen. Einfacher haben Sie es mit fertigen Kärtchen, die schön dünn und glatt sind. In jedem Fall müssen Sie Ihre Kärtchen so beschriften, wie es in Abb. A gezeigt ist, wobei die Zahlen in der Mitte fortlaufend bis 12 gehen.

E

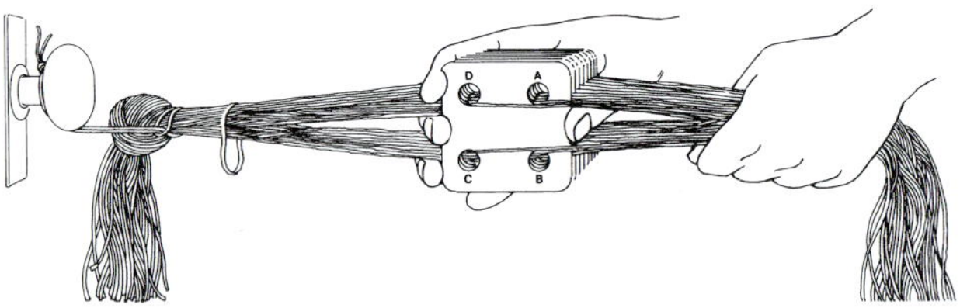

Das »Kämmen« der Kettfäden.

F

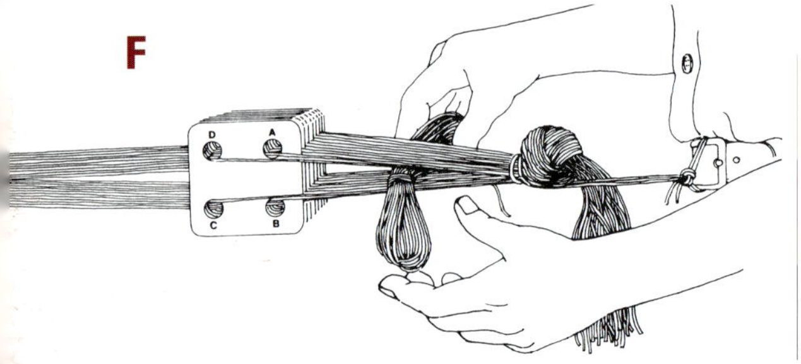

Wenn sich ein »Fach« geöffnet hat, kann man den Schussfaden durchziehen.

setzen Sie sich so hin, dass die Kettfäden straffgezogen werden. Alle Brettchen müssen mit der Beschriftung nach links liegen, in der richtigen Reihenfolge sein und sollten mit dem Pfeil auf Sie selbst zeigen, wenn das nicht der Fall ist, drehen Sie sie einfach.

Jetzt geht's los: Lassen Sie den Schussfaden rechts etwa 15 cm lang hängen und legen Sie das Knäuel durch die Öffnung zwischen den Kettfäden (das »Fach«) nach links, wie es Abb. F zeigt. Umgreifen Sie den Kärtchenstapel mit den Händen, wie in Abb. G zu sehen ist, und drehen Sie sie um eine Vierteldrehung zu sich hin, so dass der Pfeil auf den Kärtchen nach unten zeigt. Die Kettfäden weichen auseinander und es öffnet sich ein neues Fach. Ziehen Sie den Schussfaden durch. Sie sollten ihn stets ganz durchziehen, damit keine Schlingen am Rand erscheinen. Damit das Muster sauber erscheint und Ihr Band schön straff wird, müssen Sie nun »anschlagen«. Das heißt, dass Sie mit der Kante des Lineals oder des Schiffchens kräftig gegen die sich kreuzenden Fäden im Fach schlagen, also zu sich hin. Jedes Mal, wenn der Schussfaden durchs Fach geht, müssen Sie anschlagen. Ein Schiffchen ist hierbei natürlich besonders praktisch, weil beides in einem geht. Drehen Sie die Kärtchen wieder zu sich hin (Pfeil zeigt nach vorne), weben Sie durchs Fach, schlagen Sie an und wiederholen Sie dies noch zweimal. Der Pfeil zeigt jetzt wieder auf Sie und Sie haben die Kärtchen einmal ganz herumgedreht. Das Muster erscheint jetzt so, wie es in Abb. C gezeichnet ist, als halbe Raute. Um es zu vervollständigen, drehen Sie jetzt viermal andersherum, also von sich weg. Die Schritte sind genau die gleichen: eine Vierteldrehung von sich weg (Pfeil zeigt nach oben), durchweben und anschlagen, drehen (Pfeil zeigt nach vorne), usw. Wenn der Pfeil wiederum zu Ihnen zeigt, ist eine ganze Raute entstanden. Und so geht es jetzt immer weiter: Sie drehen viermal zu sich, viermal von sich weg.

Am Anfang wird es Ihnen vorkommen, als bräuchten Sie sehr viel Kraft, um die Kärtchen zu drehen, das verliert sich aber rasch. Auch das konzentrierte Mitzählen (vor – eins – vor – zwei) wird bald überflüssig, weil Sie an den Kettfäden schon sehen, wie es weitergeht. Es kann auch nichts passieren, wenn Sie mal einen Fehler gemacht haben: Sie drehen einfach wieder

zurück und nehmen den Schussfaden heraus, statt ihn hineinzulegen. Ganz am Anfang des Bandes, beim »Anweben« erscheinen Muster und Band oft noch sehr schmal. Das ist ganz normal, denn der Knoten zieht die Fäden zusammen. Wenn Sie später das Genickstück weben, sollten Sie am Anfang energisch anschlagen, dann sieht man das Anweben bei dem verwendeten Garn kaum.
Beim Weben wächst das Gewebe schnell und bald werden Ihre Arme nicht mehr lang genug sein. Sichern Sie die Kärtchen mit dem Gummi und ziehen Sie das schon gewebte Band ein Stückchen über den Bauchgurt nach unten, bis Sie wieder bequem an die Kärtchen kommen. Fixieren Sie diese Position, indem Sie das gewebte Band mit einer Sicherheitsnadel feststecken.
Wenn Ihr Band lang genug geworden ist, binden Sie sich los und lösen die beiden großen Knoten an den Enden oder schneiden sie ab. Streifen Sie die Kärtchen von den Kettfäden. Brettchenwebereien sind so fest und dicht, dass Sie nicht befürchten müssen, dass sich das Band wieder auflöst. Beim Genickstück flechten Sie aus dem Kettabfall an jedem Ende zwei etwa 15 cm lange Zöpfe. Beim Stirnbandstück werden etwa 2 cm an jedem Ende eingeklappt und mit der Hand festgenäht. Dann wird es um das Genickstück gelegt und an der richtigen Stelle festgenäht, alles mit dem gleichen Garn, das auch für den Schuss verwendet wurde. Für die Befestigung an den Gebissringen habe ich einen Knoten gemacht, der schön breit und flach liegt, ich zeige ihn in allen Einzelschritten auf meiner Homepage.
Wenn Sie gerne an das untere Ende der Backenstücke einen Schnapphaken einnähen möchten, können Sie Stirnband und Genickstück in einem weben. Auf der Homepage hat Ruth Körber für Sie mit dem hier gezeigten Musterentwurf »gespielt« und zeigt, welche vielfältigen Variationen sich ergeben, wenn man die Kärtchen einfach in einem anderen Rhythmus dreht. Dort sehen Sie auch eine schöne Variante von ihr für die Befestigung des Stirnbands. Aus dem Kettabfall können Sie sich hübsche, zum Kopfstück passende Quasten machen: Fadenbündel einfach in der gewünschten Dicke doppelt legen, abbinden und Aufhänger durch Schlinge ziehen.
Fäden verwahren: Das Reststück des ersten Schussfadens wird einfach eine Zeit lang mit dem Schussfaden mitgeführt und ins Fach gelegt und dann einfach abgeschnitten. So verfahren Sie auch, wenn Sie einen neuen Schussfaden beginnen müssen.

G

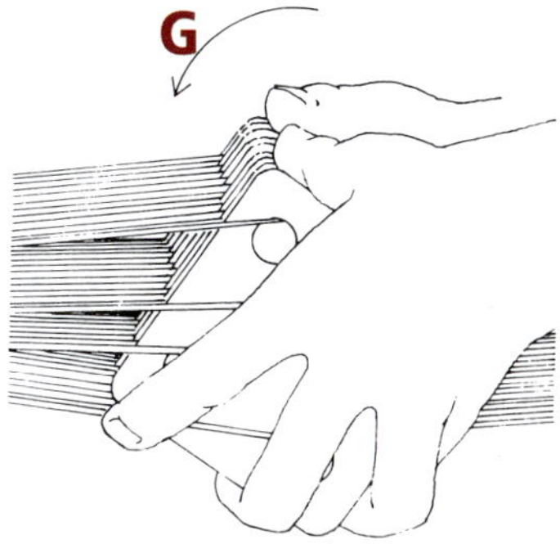

Wenn man die Kärtchen von sich weg dreht, drücken die Daumen oben gegen die Ecken. Wollen Sie die Kärtchen zu sich hin drehen, liegen die Hände genauso, nur die Daumen rutschen über die obere Ecke drüber und ziehen dann den Stapel zu Ihnen hin.

Die Abbildungen auf diesen Seiten wurden mit freundlicher Erlaubnis des Verlages dem Buch »Weben mit Brettchen« von Candace Crockett entnommen (Interweave Press, Colorado, auf deutsch beim Haupt-Verlag erschienen). Vielleicht macht Ihnen das Brettchenweben viel Spaß und Sie möchten sich gerne über Mustervariationen, schöne Abschlüsse und die vielfältigen Möglichkeiten des Brettchenwebens informieren. Wenn Sie keinen Kurs besuchen können oder wollen, ist dieses Buch eine gute Quelle dafür, denn die Anleitungen sind prima nachvollziehbar und viele Bilder regen zum Weiterweben an.

In den Weiten der Prärie ...

Kanadas und der USA waren einst die Blackfoot-Indianer zu Hause. Als noch die großen Büffelherden über die Great Plains zogen, lebten die Jäger und Sammler halbnomadisch – zunächst ohne Pferde. Die erste Begegnung mit Pferden zu Beginn des 18. Jahrhunderts war für den Stamm der Blackfoot ein Tag der Trauer: Die Shoshonen kamen beritten in eine Schlacht und brachten den Blackfoot eine empfindliche Niederlage bei. Obwohl die Blackfoot für dieses Tier zuerst gar keinen Namen hatten (sie nannten es Elch-Hund), erkannten sie sofort seinen Nutzen für die Jagd, den Krieg

So sah ein Blackfoot-Krieger zu Pferd aus, wenn er zu einem der jährlich stattfindenden großen Feste aufbrach. Alle Zubehörteile seines Pferdes waren mit feiner Perlenstickerei verziert, sofern er wohlhabend war und die Frauen seiner Familie in dieser Kunst geschickt waren. Die Zeichnerin hat verschiedene Exponate des Glenbow Museum in Calgary (Kanada) in einem Bild zusammengefasst: Um die Brust trägt das Pferd ein »Martingal«, das wie das Kopfstück mit Blumenmustern bestickt ist. Um 1870 herum, als Händler kleine Saatperlen mitbrachten, wurden solche Blumenmuster sehr beliebt. Der Reiter sitzt in einem Kissensattel, die Satteldecke (blanket) ist mit einem geometrischen Muster verziert, ebenso wie der »Crupper«, der die Kruppe auf beiden Seiten bedeckt. Der Reiter trägt die Züge von Buffalo Bull's Back Fat, einem Oberhäuptling der Blackfoot, der Anfang des 19. Jahrhunderts lebte. Sein Hemd aus weichgegerbtem Reh- oder Antilopenleder ist aufwändig mit Stachelschweinborsten bestickt.

und das Nomadenleben. Durch Handel und geschickte Raubzüge kamen auch sie bald in den Besitz von Pferden und bezogen sie sofort in ihre Kultur mit ein. Die Blackfoot mussten im Wechsel der Jahreszeiten häufig ihr Camp verlegen, um den Wildherden zu folgen, die reifenden Beeren in der Prärie zu pflücken oder Holz schlagen zu können. Ihre gesamte Habe wurde dann auf so genannte »Travois« gepackt, einfache Schleifschlitten aus langen Hölzern, die früher von Hunden, jetzt von Pferden gezogen wurden. Dies hatte auch eine soziale Dimension: Alte und Kranke konnten jetzt besser transportiert und mussten nicht mehr zurückgelassen werden. Jagd- und Sammelstreifzüge konnten mit Pferden weiter ausgedehnt werden. Die Frauensättel hatten vorne ein hohes Horn, über das das Traggestell für die Babies gehängt werden konnte, wenn die Frauen Wurzeln oder Beeren sammelten oder umzogen. Die Männersättel bestanden aus Kissen. Bei der Jagd oder auf Kriegszügen waren Reiter wie Pferd allerdings sehr spärlich bekleidet. Das Pferd trug keinen Sattel und lediglich einen Zügel im Maul. Dafür wurde es gerne bemalt. Ein Blackfoot-Pferd, das die Strichzeichnung eines Mannes auf der Brust trug, wurde mit großem Respekt betrachtet – es hatte im Kampf einen Feind niedergerannt. Die Prunkausstattung wurde angelegt, wenn man das Camp verlegte oder zu einem Sonnentanztreffen unterwegs war. Durch die schöne Ausstattung wollte man nicht nur die eigene Familie gut darstellen, sondern auch das Pferd ehren. Die Blackfoot waren der Auffassung, dass ein Pferd, das sich nicht gut behandelt fühlte, beschloss, sich stehlen zu lassen. Pferde wurden auch zu Währung: Für erfolgreiche Geburtshilfe konnte z.B. ein Heiler ein Pferd erwarten. Wer eingeweiht wurde, ein heiliges Zauberpfeifenbündel besitzen zu dürfen, bezahlte mit einem guten Gespann für diese Initiation.

Als die weißen Jäger 1880 die Büffel ausgerottet hatten, war die Blütezeit der Blackfoot und vieler anderer Indianerstämme der Great Plains vorbei und sie wurden gezwungen in Reservaten zu leben, wo sie ihre Lebensweise radikal ändern mussten. Manche heutigen Blackfoot versuchen den Spagat zwischen moderner Lebensweise und den Traditionen und bewahren die alte Kultur. Bei großen Paraden und Festen kann man Blackfoot-Indianer mit ihren Pferden in traditioneller Aufmachung sehen. Auf den nächsten Seiten finden Sie ein Hemd und ein Lederbeutelchen, bei deren Gestaltung Anleihen bei den Blackfoot gemacht wurden. Literaturhinweise und Tipps für Museen finden Sie auf meiner Homepage.

Perlenbesticktes Westernhemd

Die Blackfoot waren für ihren Stolz bekannt und legten großen Wert auf ihre äußere Erscheinung. Die typische Perlenstickerei wurde direkt auf weichgegerbten Häuten ausgeführt, in einer Technik, die auch für das Westernhemd angewendet wurde. Diese schönen Kleider wurden nur zu besonderen Gelegenheiten getragen und hielten oft ein Leben lang. Das ist auch von dem Turnierhemd zu erwarten, das nachfolgend beschrieben wird. Das Motiv ist den Blackfoot entliehen, die Farben sind auf das Pferd abgestimmt. Für Sie und Ihr Pferd können die Farben ganz anders aussehen. Ein weißes Hemd bestickt mit Blau- und Türkistönen sieht bei diesem Motiv ebenso toll aus wie ein schwarzes mit rot-silberner Stickerei.

Waschen, trocknen und bügeln Sie Hemd und Stoff. Kopieren Sie sich die Vorlage auf die angegebene Größe und zeichnen Sie beide Motive mit Bügelmusterstift auf zwei Blätter Transparentpapier durch.

Die zwei kleinen Motive auf der Brust werden direkt auf das Hemd gestickt, das große Rückenmotiv allerdings nicht. Man sitzt daran eine Weile und hätte beim Sticken ständig die Ärmel und Vorderteile im Weg. Lassen Sie sich den Keilrahmen im Geschäft gleich zusammenklopfen und achten Sie darauf, dass er stabil ist. Den Baumwollstoff spannen Sie mit Reißzwecken straff auf den Rahmen, das erfordert etwas Kraft und am besten hilft Ihnen jemand dabei. Der Stoff muss so viel Spannung haben, dass eine schwere daraufgelegte Schere kaum einsinkt. Jetzt legen Sie die bemalte Seite des Transparentpapiers auf den Stoff und bügeln Sie das Motiv auf. Der Stoff muss unbedingt schon gespannt sein, sonst würde sich das Motiv stark verziehen. Legen Sie den Rahmen mit einer Ecke auf den Tisch und beschweren Sie diese mit einem sehr dicken Buch o.ä.. Die Seite, an der Sie sticken möchten, muss frei sein.

Die Blackfoot benutzten bei Perlenstickereien

Dieses Hemd ist etwas ganz Besonderes, sehr schick und doch dezent.

Das sieht gut aus: Die Perlenstickerei auf dem Hemd von Norbert Klein ist farblich auf das Fell von Quarterhengst Andy Poco Bar abgestimmt.

den Auflegestich, auch als »Indianertechnik« bekannt. Wie Sie in Abb. C sehen, wird dabei mit zwei Nadeln gearbeitet, wobei eine davon eine Perlnadel sein muss, die andere eine normale Nähnadel sein darf. Mit der Perlnadel kommt man von unten nach oben und fädelt eine ganze Reihe von Perlen auf. Dann legt man diese Perlenkette so auf den Stoff, wie es das Muster erfordert und beginnt mit der Nähnadel, nach jeder zweiten oder dritten Perle einen kleinen »Fangstich« über den Faden zu machen, auf dem die Perlchen sitzen. Auf diese Weise erhält man schöne gerade Linien und die Stickerei ist recht robust. Die Zahl der Fangstiche richtet sich nach der Größe der Perlen und danach, wo man gerade stickt. Innerhalb einer eingerahmten Fläche kann man großzügig alle drei oder sogar vier Perlen einen Stich setzen, bei einer Kontur sticht man besser nach jeder Perle über den Faden, damit das Muster sauber erscheint. Beide Nadeln werden mit dem gleichen Faden eingefädelt, und zwar in der Farbe der Perlen. Beide Nadeln bekommen einen doppelten Faden (in der Abb. C wurde zwecks besserer Übersichtlichkeit jeweils nur einer gezeichnet), denn Perlen »arbeiten« und reiben am Faden. Wachsen Sie den Faden nach dem Einfädeln, dann bildet er nicht so oft Knötchen. Das Vernähen am Anfang und Ende ist einfach: Stechen Sie auf einer noch unbestickten Fläche des Motivs oder zwischen den Perlen einige Male hin und her, dann kann sich der Faden nicht lösen. Beim Sticken hält die linke Hand den Perlenfaden und schiebt die Perlen dicht aneinander, die rechte führt den Nähfaden. Auf langen, geraden Strecken können Sie auch den Perlenfaden mit einer Stecknadel fixieren und beide Hände für die Fangstiche nehmen: die rechte bleibt oben, die linke nimmt beim Runterstechen die Nadel und gibt sie wieder hoch. So geht es recht flott. Packen Sie beim Sticken die Perlen nicht zu dicht zusammen. Das Material benötigt etwas Platz, um sich beim Tragen des Kleidungsstücks bewegen zu können. Zu dicht genähte Perlen bilden Wellen.
Beginnen Sie beim großen Motiv mit den schwarzen Umrandungslinien und setzen Sie hier die Fangstiche sehr eng. Füllen Sie dann die Flächen aus und achten Sie darauf, dass Sie sich kleinere Perlen für Ecken und Randbereiche aufheben. Die Farbe und »Laufrichtung« der Perlen sehen Sie auf Abb. B2.

Das kleine Motiv bügeln Sie zweimal auf die entsprechenden Stellen auf dem Hemd (achten Sie auf Symmetrie!) und spannen eine davon in einen normalen Stickrahmen. Mit Wäscheklammern können Sie sich den übrigen Stoff einigermaßen aus dem Weg halten. Versuchen Sie auch diesen Rahmen, so gut es geht, mit Büchern zu fixieren, damit Sie die Hände frei haben. Ein

Sie benötigen:

Ein cremefarbenes Westernhemd ohne Druck oder Stickerei, Indianerperlen (2,5 mm) bzw. Rocailles in Schwarz, Vanille, Ocker-Perlmutt, Anthrazit, Rehbraun-Transparent, Hellgold-Transparent, Schokobraun-Perlmutt, ein Stück Baumwollstoff in der gleichen Farbe wie das Hemd, einen einfachen Holz-Keilrahmen (Malereibedarf) (30 x 30 cm) oder einen großen Stickrahmen, den man festschrauben kann, Reißbrettstifte, Perlnadeln, Nähnadeln, Stecknadeln, zu den Perlen und zum Hemd farblich passendes Nähgarn, Schere, Lineal, Transparentpapier, Bügelmusterstift, Bügeleisen, Bienenwachskerze oder Wachskästchen, normalen Stickrahmen. Achten Sie beim Kauf der Perlen darauf, dass sie farbecht und waschbar sind!

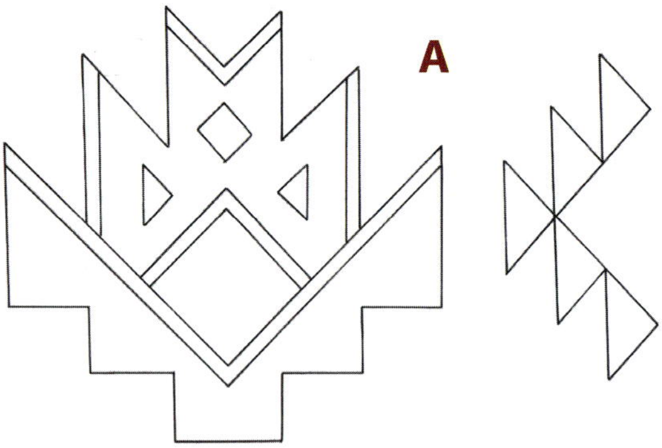

Die beiden Motive

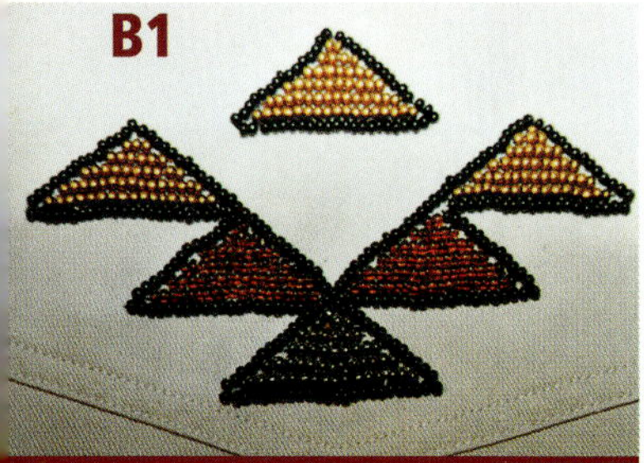

Das Vordermotiv erinnert an einen fliegenden Vogel und folgt den Stepplinien eines Westernhemdes.

Schraubrahmen wäre ideal. Sticken Sie die kleinen Motive mit den Perlen aus.

Das große Motiv wird nun vom Rahmen gelöst und ausgeschnitten, wobei man einen Rand von 1,5 cm Stoff ringsherum stehen lässt. Der Rand wird Stück für Stück umgeklappt und vorsichtig mit Textilkleber auf der Rückseite festgeklebt. Der Stoff sollte nicht über die äußerste Perlenreihe hinausstehen. Geraten Sie nicht in Panik, wenn die äußeren Perlen jetzt die Linie verlassen und »schlabbern«. Sie werden später wieder in die richtige Lage gebracht. Positionieren Sie dann das Motiv auf der Rückseite des Westernhemdes, stecken Sie es fest und nähen Sie es mit Handstichen auf das Hemd. Dazu verwenden Sie Nähgarn in der Farbe des Hemdes. Beginnen Sie innen im Motiv und verstecken Sie die Nähstiche zwischen den Perlenreihen. Etwa alle drei bis vier Perlenreihen sollten Sie eine Naht platzieren, damit das Motiv gut hält. Zum Schluss wird außen herum mit kleinen Handstichen genäht. Aus der Form geratene Randperlen werden jetzt ebenfalls wieder auf Position gebracht, indem man mit einer Perlnadel durch sie hindurchgeht (ruhig drei bis vier auf einmal) und sie festnäht. Zur Pflege: Das perlenbestickte Hemd wird mit Feinwaschshampoo mit der Hand gewaschen und tropfnass aufgehängt. Nach dem Trocknen bügeln Sie es ganz normal, nur die bestickten Stellen werden – falls überhaupt nötig – vorsichtig von der Rückseite gebügelt, wobei Sie ein weiches Frotteehandtuch unter die Perlen legen sollten.

Die Blackfoot liebten geometrische Muster.

Der Auflegestich. Der Faden für die Fangstiche ist zur Verdeutlichung rot dargestellt.

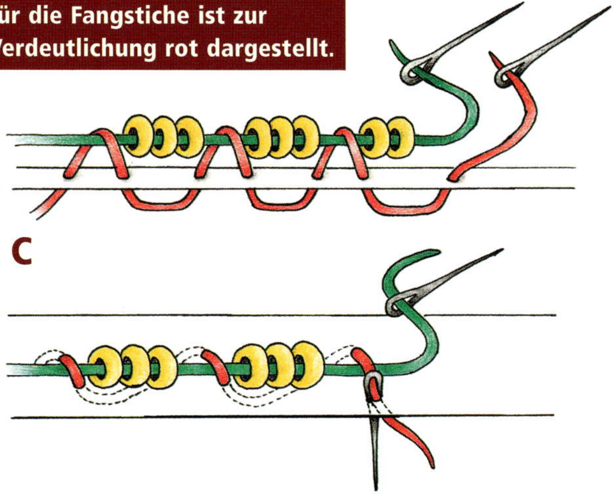

Lederbeutel mit Perlen und Federn

Die Satteltaschen, in denen die Blackfoot Nahrungsvorräte und Kleider aufbewahrten und transportierten, bestanden aus bemalter Rohhaut (parflèche genannt). Wie ein Briefumschlag gefaltet und fest verschnürt, bewahrte das harte Rohleder den Inhalt vor Mäusen und Ungeziefer. In kleinen Beuteln aus weichem Leder wurden Heilkräuter, getrocknete Beeren oder auch Tabak aufbewahrt. In den heiligen Bündeln enthielten solche Beutelchen Räucherwerk, Schmuck oder heilige Farbe für die Zeremonie, zu der das Bündel gehörte. Oft bestanden die Beutel für religiöse Gegenstände aus der ganzen Haut eines kleinen Vogels, eines kleinen Kalbes oder Rehkitzes. Gerne benutzten die Blackfoot auch die Haut von den Beinen eines Elches oder Rehs, wobei sie die Hufe als Schmuck dranließen, wenn sie nicht zu groß waren. Auch die Harnblasen größerer Tiere waren für diesen Zweck sehr beliebt. Um einen der beiden praktischen klei-

Sie benötigen:

1 Fell Waschleder (achten Sie auf dünne Stellen oder ungleichmäßige Färbung), 2 farblich passende Lederbänder, jeweils 1 m lang (ein zusätzliches Ersatzbändchen ist ratsam, falls einmal ein Band reißt), größere Indianerperlen von 9–13 mm oder Hornperlen, Knochenperlen, Zähne, Krallen, Federn, farblich passendes Nähgarn, evtl. billiger schwarzer Tee zum Färben, Nähmaschine, Lochzange, Stecknadeln oder Tesafilm, Schere, Bleistift, Lineal, Zirkel

Die Beutelchen sind am Sattelhorn oder Anfassriemen schnell befestigt und nehmen Schlüssel, Zigaretten und das Handy auf. Man kann sie auch am Gürtel tragen.

A

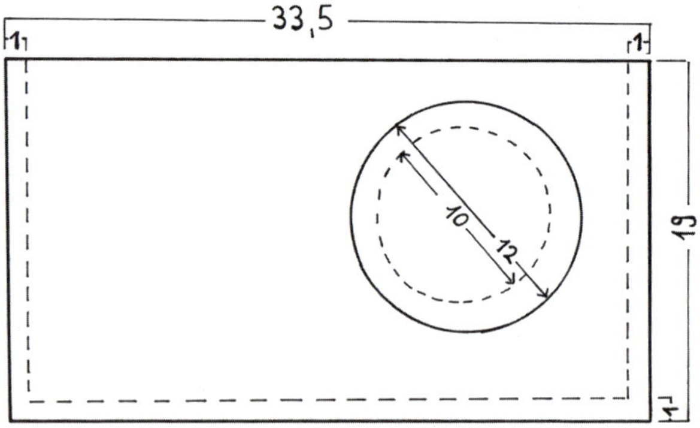

Schnittschema
Alle Angaben sind in Zentimetern. Erklärung der Linien und Zeichen auf S. 7.

nen Beutel zu fertigen, müssen Sie aber keine Metzgerei aufsuchen, sie sind aus Waschleder gefertigt, wie man es in den Abteilungen für Autozubehör in den Kaufhäusern bekommt.

Die fertigen Beutel messen 18 x 10 cm. Der gelbliche ist mit Indianerperlen und Federn verziert, den dunkleren schmücken Zähne von Elch und Koyote sowie eine Dachskralle und Hornperlen. Für einen solchen Beutel mit Naturmaterialien können Sie an Schmuck alles auswählen, was gut aussieht oder eine Bedeutung für Sie hat, auch schöne Holzstückchen, Schneckenhäuser, Fellstücke etc. Das Leder für diesen Beutel wurde eine Nacht lang in einen Topf mit sehr starkem schwarzem Tee (abgekühlt natürlich) gelegt, daher die beige Farbe.

B

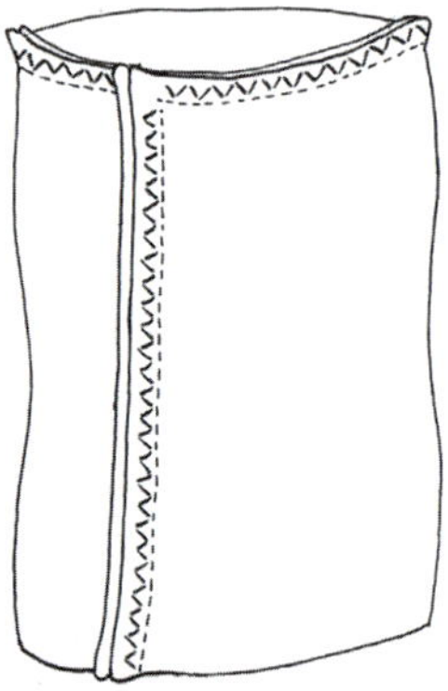

Jede Naht wird noch einmal mit Zickzackstich gesichert. So geht nichts verloren, wenn sich mal eine Taschennaht löst.

Waschen Sie das Leder vor dem Zuschneiden (Waschanleitung beachten!), walken Sie es in den Händen durch und lassen Sie es trocknen bzw. legen Sie es in ein »Teebad« ein, wenn gewünscht. Legen Sie das trockene Leder so vor sich hin, dass die schönere Seite (die »rechte« Seite) unten liegt. Fertigen Sie sich einen Papierschnitt nach Abb. A an und legen Sie ihn platzsparend auf die Rückseite Ihres Fells. Vermeiden Sie dünne oder sehr wellige Stellen im Leder. Wenn Ihr Fell nicht zu klein ist, können Sie zwei Beutel daraus anfertigen. Die Schnitt- und Nahtlinien übertragen Sie auf die linke Seite des Leders und schneiden die beiden Teile aus.
Das rechteckige Schnittteil legen Sie nun rechts auf rechts und stecken die Nahtlinien für die Rückennaht aufeinander. Steppen Sie die Naht mit Geradstich und gehen Sie dann noch einmal mit großem Zickzackstich direkt daneben über die Nahtzugabe, wie in Abb. B zu sehen ist. Das Bodenteil stecken Sie an den entstandenen Zylinder, Nahtlinie auf Nahtlinie, und steppen wieder zunächst eine gerade und dann eine Zickzacknaht (s. Abb. B). Stören Sie sich nicht an kleinen Fältchen – man sieht sie später nicht.

3 cm vom oberen Rand des Beutels entfernt zeichnen Sie sich nun gleichmäßig verteilt 12 Löcher an und stanzen sie mit der Lochzange aus. Fangen Sie mit den beiden neben der Naht an. Wählen Sie die Lochgröße so, dass beide Lederbändchen hindurchpassen.

Stülpen Sie nun das Beutelchen um, damit die Nähte nach innen kommen. Eines Ihrer Lederbändchen zerschneiden Sie so, dass Sie Stücke von 65 und 35cm erhalten. Das 65 cm lange Stück wird das Band zum Zuziehen. Es wird so eingefädelt, dass die beiden Enden an den Löchern herauskommen, die der Naht entgegengesetzt sind (in Abb. C rot dargestellt). Streifen Sie eine größere Perle über beide Enden und machen Sie einen Knoten. Die Perle ist zum Zuziehen sehr praktisch, es geht aber auch ohne. Für diesen Zweck eignet sich z.B. eine 13 mm-Crow-Perle oder eine Holzperle mit weiter Öffnung.

C

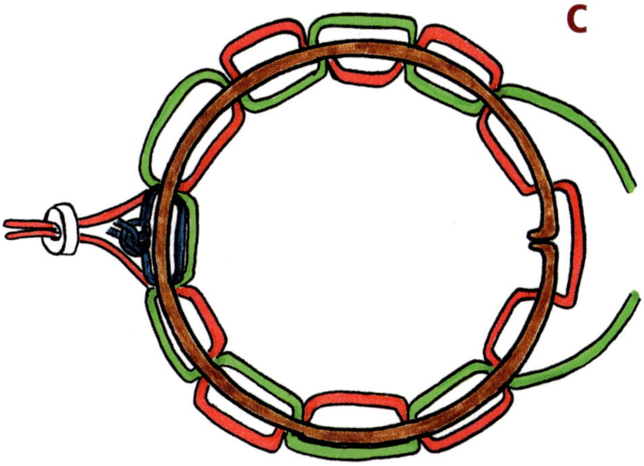

So ziehen Sie die Lederbändchen ein.

Das 1 m lange Lederbändchen, an dem Sie Ihren Beutel nachher an den Sattel hängen, wird entgegengesetzt eingezogen, es ist in Abb. C grün dargestellt. Die beiden Löcher neben der Naht werden ausgelassen. In die Enden des Bändchens machen Sie einen Knoten.
Nun kommt noch der Schmuck: Bei dem Beutel mit den Indianerperlen wird das 35 cm lange Lederbändchen durch die beiden vordersten Löcher nach außen gefädelt (in Abb. C blau dargestellt), beide Enden sollten gleich lang sein. Machen Sie einen Doppelknoten. Fädeln Sie nun auf jedes Ende Perlen so auf, wie es Ihnen gefällt. Machen Sie wieder einen Knoten an jedes Ende. Wenn Sie möchten, können Sie nun noch den Kiel einer Feder von unten durch die Perlen hindurchführen und mit Nähseide oder einem Tropfen Klebstoff zwischen den beiden obersten Perlen befestigen.
Bei dem Beutel mit den Naturmaterialien werden erst die gewünschten Zähne, Klauen und Hornperlen aufgefädelt. Wie man Naturmaterialien aufbohrt, ist auf meiner Homepage beschrieben. Die Federkiele umwickeln und umknoten Sie straff mit farblich passendem Nähgarn und knoten sie zwischen zwei Perlen o.ä. auf das Lederband. Dann werden die beiden Lederenden durch die beiden vordersten Löcher von außen nach innen gefädelt und so innen verknotet, dass die außen liegenden Schmuckmaterialen halbwegs waagrecht zu liegen kommen.
Die Federn sehen sehr gut aus, müssen aber ab und zu erneuert werden, sie sind vergänglicher als Perlen oder Zähne. Da man aber oft auf Ausritten schöne Federn zu Gesicht bekommt, ist dies kein Problem.

In Gold und Silber ...

wurden die Pferde der Könige gewandet. Kein Brokat war zu kostbar, keine Stickerei zu aufwendig, um die herausgehobene Position und den Herrschaftsanspruch des Reiters zu betonen.

Passt das Material zum Motiv? Die Entscheidung für die richtigen Stoffe und Perlen verlangt Vorstellungskraft und ein bisschen Zeit.

Das sieht man sehr gut auf alten Reitergemälden, z.B. von Goya, van Dyck und Rubens. Auf dem Bildnis der Isabella von Bourbon (Velasquez/Prado) kann der Betrachter kaum unterscheiden, wo das prächtige Reitkleid der Königin aufhört und die reich verzierte, lange Satteldecke Ihres Zelters beginnt. Die männlichen Adligen ließen sich gern auf einem sich kämpferisch aufbäumenden Pferd malen, mit gezogenem Säbel und grimmigem Gesichtsausdruck. Auch der heutige Besucher einer Gemäldegalerie versteht die politisch-militärische Bildaussage, betrachtet er die gezückte Waffe, die geballte Kraft der muskulösen Pferdekörper und die kostbare Ausrüstung und Kleidung. Zum Glück muss uns Freund Pferd nicht mehr als Waffe oder Thron im Felde dienen. Im Gegenteil: Heutzutage rücken wir viel lieber unser Pferd in den Mittelpunkt. Es ist nicht mehr Mittel zum Zweck, sondern es soll als individuelles Geschöpf zur Geltung kommen. Hierfür lassen wir uns gerne von der Pracht und Ornamentik vergangener Epochen inspirieren. Insbesondere das Zeitalter des Barock bietet uns eine verschwenderische Fülle an Motiven. Auf den nächsten Seiten finden Sie exemplarisch eine Anleitung zur Gestaltung eines prächtigen Barockmotivs für eine Satteldecke. Wenn Sie ein solches Schmuckstück für Ihr Pferd anfertigen wollen, wählen Sie im einfachsten Fall das hier im Buch angegebene Motiv. Wenn es ein anderes sein soll, schauen Sie sich alte Gemälde an, stöbern Sie in Büchern (Kunstbände über Mittelalter, Renaissance und Barock sind wahre Fundgruben) oder wählen Sie Elemente aus schön bedruckten Stoffen. Auf dem Foto ist so ein Moment der Motivsuche festgehalten: Die Zeichnerin hat das zentrale Bildelement des Rubensgemäldes »Porträt des Herzogs von Lerma zu Pferde« und dort ein Detail der Schabracke herausgearbeitet. Die in Frage kommenden Stoffe, Perlen und Bänder umrahmen die Zeichnung, denn auch von schönem Material geht eine eigene Anziehung und Inspiration aus. Bei der Wahl von Motiv und Farben sollten Sie sich ganz nach Ihrem Pferd, seiner Ausstrahlung und seiner Fellfarbe richten. An einem Friesen würden Royalblau und Silber hinreißend aussehen, Moosgrün mit Kupfer und Gold einen Dunkelfuchs oder Braunen kleiden, Purpurrot mit Silber einem Schimmel stehen. Bei einem kalibrigen Andalusier oder Friesen dürfen die Ornamente großflächig und reich ausgestaltet sein, zierlichere Pferde hingegen sollten nicht vom Dekor erschlagen werden. Schönheit und Rasse des Pferdes sollen ja nur betont und nicht überdeckt werden. Auch einige Brandzeichen eignen sich für die Ausgestaltung – die Trakehner Elchschaufel z.B. würde sich in dunklem Gold sehr gut machen.

Besticktes reinigen

Solche Schmuckstücke wie die nachfolgend beschriebene Prachtsatteldecke sind natürlich nicht für jeden Tag. Man muss sie reinigen lassen, wenn sie richtig verschmutzt sind. Allerdings ist das nur selten nötig und wenn man sie in ein altes Betttuch gewickelt aufbewahrt, bleiben solche Stickereien über Jahrzehnte unverändert schön.

Die Schabracke mit dem barocken Motiv betont den Adel eines solchen Traumpferds.

Barocke Prachtsatteldecke

Geben wir es ruhig zu: Die Sehnsucht nach ein bisschen Pracht und Glanz für unser einzigartiges Pferd und den besonderen Tag steckt in uns allen. Wenn man lange auf ein Turnier, eine bestimmte Schaunummer oder eine Zuchtschau hingearbeitet hat, setzt es das i-Tüpfelchen auf, wenn man eine solch königliche Satteldecke auflegen und sich in der Bewunderung anderer sonnen kann.

Die verschiedenen Stick-Techniken für die Teilflächen des Motivs sind einzeln beschrieben und Sie können Sie beliebig variieren und Ihr Material ganz anders anordnen. Lesen Sie sich auf jeden Fall den Punkt »Allgemeines« sehr gründlich durch.

Auf alle Teilflächen des Motivs sind zunächst Stoffe appliziert worden, was mit Vliesofix® und Bügeleisen ganz einfach geht. Das Motiv sieht auch nur mit verschiedenen schönen Stoffen und Kordelumrandung schon sehr gut aus!

Vergrößern Sie mit dem Kopierer die Vorlage auf die gewünschte Größe und zeichnen Sie sie mit dem Bügelmusterstift auf Transparentpapier durch (ohne die Zahlen). Waschen und bügeln Sie den Baumwollstoff, auf den gestickt wird und übertragen Sie die Vorlage durch Bügeln auf ihn. Dann werden zunächst die Stoffe appliziert, wie unten beschrieben und anschließend spannen Sie den Stoff mit Reißbrettstiften straff und gleichmäßig auf den Keilrahmen. Am besten hilft Ihnen jemand dabei, wenn Sie es das erste Mal machen. Alle Stick- und Aufnäharbeiten können Sie danach bequem mit zwei freien Händen ausführen, wenn Sie eine Ecke des Rahmens auf dem Tisch mit einem sehr schweren Buch fixieren. Versuchen Sie sich anzugewöhnen, die linke Hand unter, die rechte über dem Stoff zu lassen und die Nadel hin- und herzugeben, dann kommen Sie flotter voran.

Farbspiele: Alle Stoffe, Perlen und Kordeln auf dem Motiv sind auf das goldene Fell von Berberhengst Borak abgestimmt.

Stoffe applizieren: Vliesofix® ist ein beidseitig haftendes Vlies, das sich auf einer Seite rau anfühlt und auf der anderen mit einer dünnen, papierartigen Schutzfolie bedeckt ist. Man legt die raue Seite auf die Rückseite des Stoffes, den man applizieren möchte und bügelt darüber (Einstellung: Baumwolle). Die raue

Klebstoffschicht schmilzt dadurch und verbindet Vlies und Stoff. Nun zeichnen Sie die Teilmotive aus der Vorlage einzeln mit dem Bügelmusterstift auf Transparentpapier durch und übertragen diese durch Bügeln auf die Vliesofix®-Seite der eben präparierten Stoffe. Danach können Sie die Teilflächen ganz sauber ausschneiden, die durch das Schutzpapier noch angenehm steif sind. Wenn Sie jetzt das Schutzpapier abziehen (eine Nadel oder Pinzette hilft beim Anheben), kommt eine frische Klebeschicht darunter zum Vorschein. Legen Sie das Teilmotiv an den richtigen Platz im großen Motiv auf den Baumwollstoff (Klebeseite unten). Wenn Sie jetzt das Bügeleisen aufsetzen, schmilzt die zweite Klebschicht und verbindet Applikations- und Trägerstoff. Achtung: Bei diesem zweiten Aufbügelvorgang dürfen Sie mit dem Bügeleisen nicht mehr hin- und herfahren, dadurch könnte alles verrutschen, setzen Sie es nur von oben auf die entsprechenden Stellen. Empfindliche Samtstoffe schützen Sie, indem Sie ein dünnes Baumwolltuch (z.B. sauberes Geschirrhandtuch) zwischen Bügeleisen und Stoff legen. Bei allen Arbeiten mit Vliesofix® sollten Sie auch Ihr Bügeleisen vor Verklebung schützen: Legen Sie einfach eine Lage Transparent- oder Backpapier zwischen Eisen und Vlies.

Kordelumrandung: Durch das Umranden mit schönen Kordeln tritt das Motiv erst richtig hervor und die applizierten Stoffe bekommen Halt durch die Nähstiche am Rand. Wie man Kordeln so aufnäht, dass der Faden nicht sichtbar ist, sehen Sie auf Abb. C1. Der Nähfaden muss die gleiche Farbe haben wie die Kordel. Sie stechen dicht neben der Kordel nach oben und legen den Faden in eine Senke zwischen zwei Kordelsträngen. Wenn Sie wieder nach unten stechen, verschwindet der Faden in der Senke (in der Abb. wurde er zur Verdeutlichung sichtbar gelassen.) Wie Abb. C1 veranschaulicht, können Sie mit schönen Kordeln ohne weiteres auch Schriftzüge oder Monogramme gestalten. Wenn es eng »um die Kurve geht«, drehen Sie ihre Kordel ein wenig fester, dann lässt sie sich leichter um Ecken u.ä. legen.
Alle Enden und Anfänge der Kordeln müssen bei diesem Motiv im Randbereich der Mittelfläche (3) enden. Sie drücken die Enden entweder flach und nähen sie sehr gut oben auf dem Stoff fest oder Sie versuchen, die einzelnen Stränge der Kordeln nach unten zu ziehen. Dazu treiben Sie die dicke Nadel von oben dort in den Stoff, wo die Kordel verschwinden soll und fädeln dann erst – wenn die Nadel steckt – einen der Kordelstränge ins Öhr. Mit einiger Kraft sollte es Ihnen nun gelingen, den Strang nach unten zu ziehen (vgl. Abb. C2). Zerreißen Sie den Stoff dabei nicht. Häufig hilft es, das Loch vorher mit der Nadel etwas

Sie benötigen:

Rocailles (2,5 mm), Perlnadeln, Nähnadeln, Kordeln in verschiedenen Farben und Stärken (bitte nur aus dem Stoffladen, keine Geschenkkordel), Pailletten, evtl. größere Perlen oder Aufnähsteine, Perloliven, Stifte, Stoffe zum Aufbügeln in versch. Farben, Vliesofix®, Papier- und Stoffschere, Nähgarn in der Farbe des Stickmaterials, Stickgarn in Gold oder Silber, Textilkleber, nicht zu feiner Baumwollstoff in der Farbe der Satteldecke, Bügelmusterstift, Keilrahmen in passender Größe (hier: 30 x 30 cm), Transparentpapier, Reißbrettstifte, dicke Stopfnadel mit großem Öhr

B

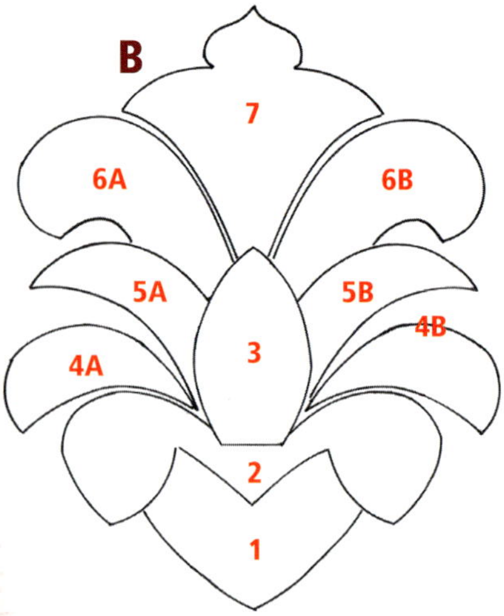

Die Vorlage mit der Nummerierung der Teilflächen.

C1

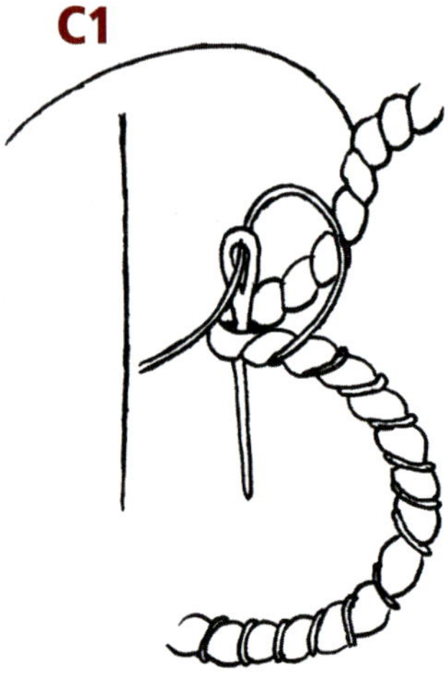

Mit schöner Kordel kann man auch Buchstaben gestalten.

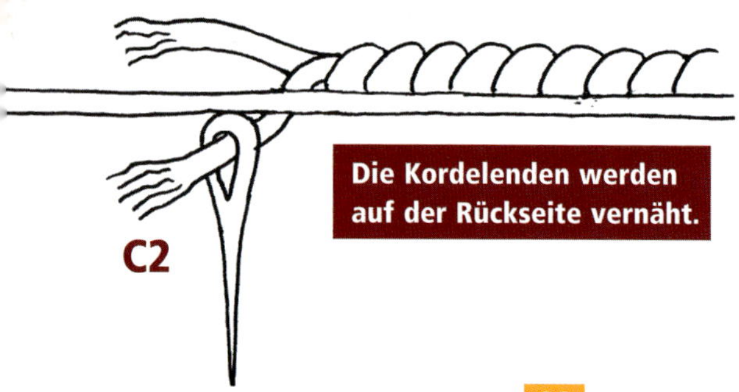

Die Kordelenden werden auf der Rückseite vernäht.

C2

zu dehnen. Wenn alle Teilstränge der Kordel durchgezogen sind, vernähen Sie die Enden auf der Rückseite sorgfältig mit Nähgarn. Vor allem bei den Teilflächen 1 und 4 müssen Sie so vorgehen, hier muss auf der Oberseite die Kordel optisch sauber enden.

Perlen auf Pailletten: Teilfläche 2 ist mit einigen kleinen (4 mm) Pailletten in opalisierendem Lachs »getupft«, die jeweils mit einer kleinen Perle (in Orange-Transparent) aufgenäht wurden, wie es Abb. D zeigt. Das Perlchen hält die einzelne Paillette fest. Diese Technik ist einfach, geht schnell und man kann hübsche Akzente damit setzen.

Pailletten schuppen: Am linken und rechten Rand von Teilfläche 7 zieht sich jeweils eine Reihe von flachen, silbernen 5 mm-Pailletten entlang, die »geschuppt« übereinander liegen. Die Abb. E erläutert diese Technik: Mit der Nadel kommen Sie etwas unterhalb der Stelle hervor, wo die erste Paillette liegen soll und nähen diese fest. Eine halbe Paillettenbreite darunter stechen Sie wieder nach oben, gehen durch die Paillette und stechen dort wieder ein, wo der vorherige Faden aus dem Stoff schaut. Wenn Sie anziehen, liegt die Paillette halb auf der vorigen, halb auf dem Stoff. So geht es bis zum Ende der Reihe. Wenn Sie eine Fläche bedecken möchten, vernähen Sie den Faden und beginnen wieder oben, neben der ersten Reihe, und so, dass sich die Reihen ein bisschen überlappen. Pailletten schuppen ist nicht schwer, verlangt aber ein wenig Augenmaß, anfangs liegen sie oft zu dicht oder zu weit auseinander. Werfen Sie einen Blick auf die Homepage, dort gibt es weitere Tipps dazu.

Goldgitter: Die Teilflächen 4 sind mit einem Goldgitter überzogen, eine anspruchsvolle Technik, die akkurates Arbeiten verlangt. Hierfür benötigen Sie ein Geodreieck. Ein Faden goldenes Stickgarn wird in eine lange, schlanke Stick- oder Stopfnadel gefädelt und an unsichtbarer Stelle vernäht. Kommen Sie mit der Nadel am spitzen Ende nach oben und machen Sie einen diagonal verlaufenden Stich auf die andere Seite. Der Faden muss angezogen werden, aber nicht so straff, dass er den Stoff in Falten legt. 4 mm neben der Einstichstelle kommen Sie wieder nach oben und führen den Faden parallel zum ersten auf die andere Seite. Dies wiederholen Sie, bis das Teilmotiv mit langen Goldfäden bedeckt ist, die alle 4 mm auseinander liegen und absolut parallel laufen. Nun kommen Sie am andern kurzen Ende mit der Nadel heraus und weben mit dem Faden unter und über den bereits gespannten Fäden durch (vgl. Abb. F). Die Schräge muss so angelegt sein, dass die sich kreuzenden Fäden im rechten Winkel stehen.

Stifte und Goldoliven: In Fläche 7 und 6 heben sich lange Stifte (30 mm) in Gold und kleine Goldoliven schön vom Untergrund ab. Wenn Sie Stifte aufnähen, sollten Sie mindestens zweimal mit der Nadel durch die Röhre gehen, weil sie ganz besonders am Faden reiben.

Perlen gebuckelt: Wenn Sie alle Teilfächen mit Kordel umrandet haben, liegen fast alle Verwahr- und Vernähstellen der Kordeln um die Mittelfläche aus dunkelbraunem Samt. Diese hässlichen Stellen verschwinden nun unter der Umrandung des Mittel-Teilmotivs, die mit transparenten orangebraunen Rocailles in der »Buckel-Technik« (vgl. Abb. G) gearbeitet wird. Diese Technik ist sehr einfach, macht Spaß und sieht gut aus. Dafür kommen Sie mit der Perlnadel irgendwo nach oben, nehmen drei bis vier Perlchen auf die Nadel und machen nun etwas, was Sie sonst nie dürfen: Sie machen den Stich etwas zu kurz, so dass nicht alle Perlen glatt aufliegen können. Wenn Sie den Faden durchziehen, bildet dieser Abschnitt einen »Buckel«. Nun kommen Sie kurz daneben wieder hoch, nehmen wieder drei bis vier Perlen auf und stechen über die vorige Reihe drüber – die Perlen legen sich über die untenliegenden. Das machen Sie nun kreuz und quer und schön dicht. Dadurch erhalten Sie eine Umrandung in einer natürlich erscheinenden Struktur, in der das Material wunderbar schimmert. Vergessen Sie zwischendurch die Sicherungsstiche nicht. Kleine Lücken füllen Sie mit einer oder zwei Perlen.

Allgemeines: Alle Perlen- u. Paillettenstickereien werden immer mit doppeltem Faden ausgeführt. Ein gewachster Faden verknotet sich nicht so leicht. Die Farbe des Nähgarns richtet sich nach Perle oder Paillette, nur bei ganz durchsichtigem Material ohne Farbe nimmt man die Farbe des Stoffes. Um Kordeln oder Pailletten aufzunähen, verwendet man Nähnadeln, für kleine Perlchen und Stifte braucht man immer eine Perlnadel. Alles Aufnähmaterial braucht ein wenig Platz, man sollte Perlen u.ä. nie zu dicht nähen.
Zur Farbe: Man kann transparente Pailletten über farbige drüberlegen und so die Farbe variieren oder abdämpfen. Glänzend silbernes und farblos-transparentes Material reflektiert immer auch die Farbe des darunterliegenden Stoffes.

D

Mit einer kleinen Perle kann man eine einzelne Paillette aufnähen.

E

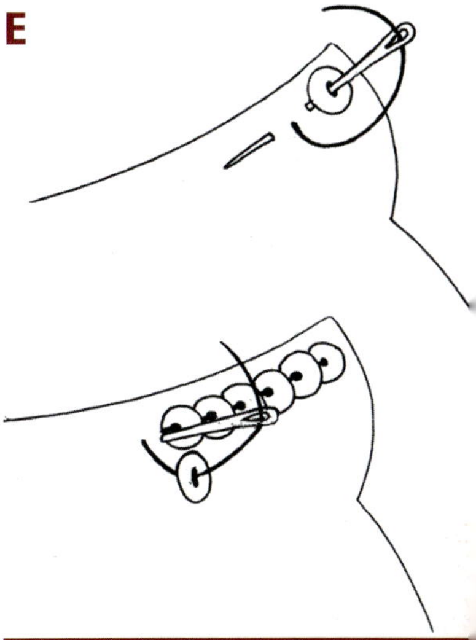

So »schuppt« man Pailletten.

Wenn man ganz verschieden farbiges Material durcheinander und nebeneinander verwendet, kann man durchsichtiges Kunststoffgarn benutzen. Allerdings arbeitet es sich deutlich schwerer damit. Dieses Garn bildet häufig Knoten und ist sperrig.

Die Fertigstellung: Wenn alle Flächen wie gewünscht bestickt sind, nehmen Sie den Stoff vom Rahmen. Schneiden Sie den überflüssigen Stoff so um das Motiv ab, dass ein 1–1,5 cm breiter Streifen stehen bleibt. Dieser muss nun umgeklappt und so auf der Rückseite des Motivs unsichtbar festgenäht werden, dass von oben nichts mehr vom Stoff zu sehen ist. Sehr erleichtert wird das Ganze, wenn Sie den Rand vorher mit Textilkleber Stückchen für Stückchen umklappen und festkleben. Aber Sie müssen dabei sehr vorsichtig sein! Tragen Sie den Kleber äußerst sparsam auf, lassen Sie ihn kurz antrocknen und klappen Sie dann das Stückchen um. Kleber, der durchschlägt und Flecken auf der Oberseite verursacht, kann Ihnen das ganze Motiv verderben! Am besten üben Sie ein bisschen an Reststücken, um ein Gefühl für die Menge zu bekommen, dann ist es nicht schwer. Verwenden Sie einen reinigungsresistenten Textilklebstoff und lesen Sie sich die Anleitung sorgfältig durch. In den Ecken und Rundungen müssen Sie den Stoff bis nahe ans Motiv einschneiden. Zum Schluss nähen Sie das Motiv auf die Satteldecke, indem Sie mit farblich passendem Garn (hier also cremeweiß) diesen schmalen Stoffsaum an die Satteldecke nähen. Auch in der Mitte des Motivs verbinden Sie an zahlreichen Stellen, dann mit jeweils anderem Garn, Motiv und Satteldecke miteinander. Setzen Sie diese Stiche unter Kordeln und zwischen Perlen und Pailletten, dann ist nichts davon zu sehen. Eine lange, schlanke Nähnadel hilft dabei.

F

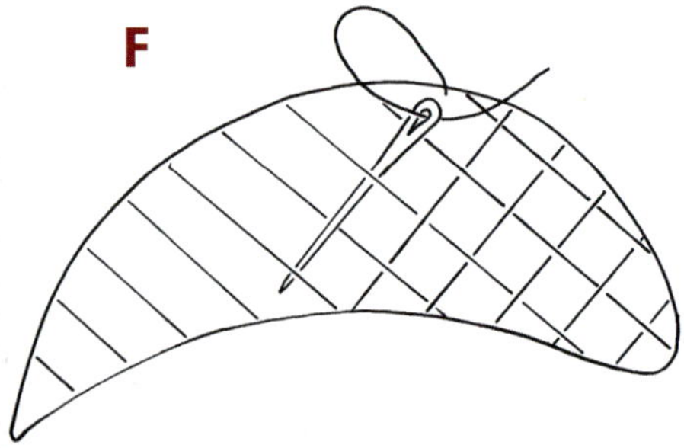

Beim Goldgitter webt man die Fäden durch.

»Perlen buckeln« wirkt plastisch und tarnt Vernähfäden.

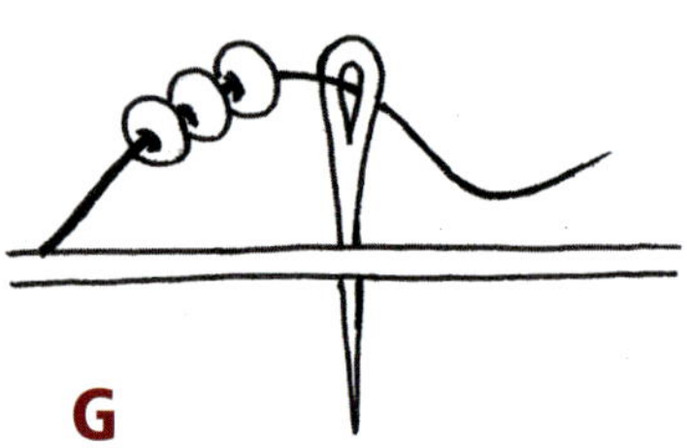

G

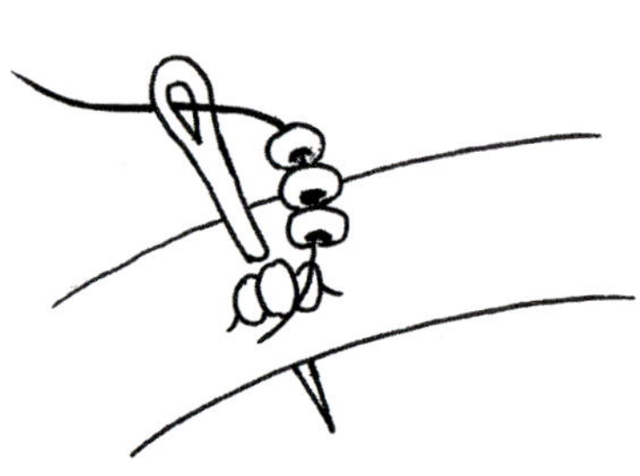

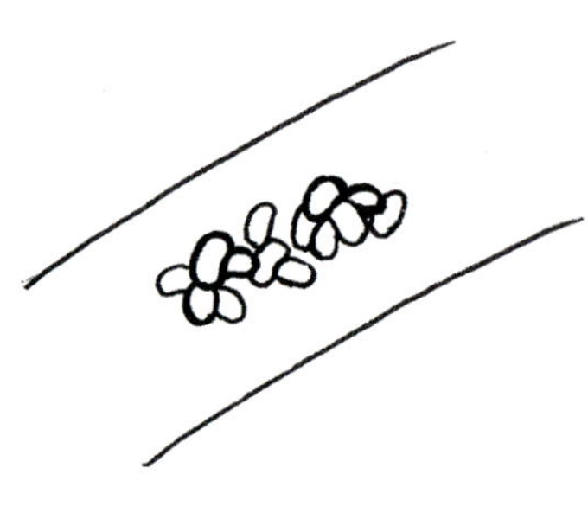

Kleine Materialkunde

Die Vielfalt des Materials, dass zum Sticken und Aufnähen benutzt werden kann, verwirrt den Anfänger oft, deshalb soll hier kurz darauf eingegangen werden. Die Palette auf dem Foto zeigt eine Auswahl der wichtigsten Formen und Größen.

In der oberen Reihe ganz links sehen Sie lindgrüne Wachsperlen (6 mm). Wachsperlen wirken durch ihren zarten Perlmuttglanz immer sehr nobel. Rechts daneben befinden sich 4 mm lange durchsichtige Glasperlen mit einem grünen Farbeinzug. Für Stickarbeiten ist dies schon eine stattliche Größe, man kommt schnell voran, kann aber kleine und verschlungene Formen nicht präzise damit ausfüllen. Die nächsten fünf Einbuchtungen in der Palette sind mit Rocailles gefüllt, das sind 2,5 mm große, runde Stickperlen, die es in allen Farbschattierungen und mit verschiedenen Glanzeffekten gibt: metallic, perlmutt, chalk, alabaster und mit Silbereinzug (von links nach rechts). Beim Sticken treten die besonderen Vorzüge dieser Glanzeffekte deutlich zu Tage: während Metallic- und Silbereinzugsperlen durch ihren Schimmer Glanzlichter setzen, kann man mit den kreidigen Chalk-Perlchen die Linienführung ausgezeichnet betonen. In der »Buckel-Technik« erreichen Sie damit sehr plastische Effekte. Durchgefärbte Rocailles ohne besonderen Effekt nennt man oft »Indianerperlen«. Sie wurden in diesem Buch für das Westernhemd eingesetzt. Transparente Rocailles wurden auf der Prachtsatteldecke verwendet. Sie wirken immer leuchtend, aber nie grell, denn sie nehmen die Farbtöne aus der Umgebung auf und reflektieren sie. Auf einem dunklen Stoff tritt daher die Farbe einer transparenten Perle nur noch schwach hervor. Das gleiche gilt für die transparenten Pailletten im unteren rechten Palettennapf. Sie rufen stets eine sanfte, zurückhaltende

Farbspiele in blaugrün: Mit Perlen und Pailletten kann man malen und plastisch gestalten.

Farbwirkung hervor. Wenn Sie eine transparente Paillette auf eine durchgefärbte legen bzw. nähen, können Sie ganz feine Farbschattierungen erzeugen und zu kräftige Töne dämpfen. Links daneben befinden sich 6 mm große, glänzende Pailletten in Schüsselform. Man unterscheidet grundsätzlich Schüssel- und flache Pailletten. Letztere füllen die beiden mittleren Näpfe. Die blaugrün glänzenden sind 8 mm groß, die türkis-opaken 10 mm. Zur Linken liegen 20 mm lange Stäbchen. Im letzten Napf befinden sich ganz kurze Stäbchen, die mehr den Charakter einer Perle haben.

Die Schnellen

Eine Aufnäharbeit mit Perlen und Pailletten bleibt jahrzentelang schön, wenn man sie gut behandelt. Manchmal braucht man aber nur für einen einzigen Auftritt ein ganz bestimmtes Motiv und es muss schnell gehen. Wenn im Reitverein eine Quadrille eingeübt wird, setzen sich nicht 20 Leute hin und beginnen Perlen zu fädeln, obwohl etwas Glanz und Flitter sehr willkommen

A

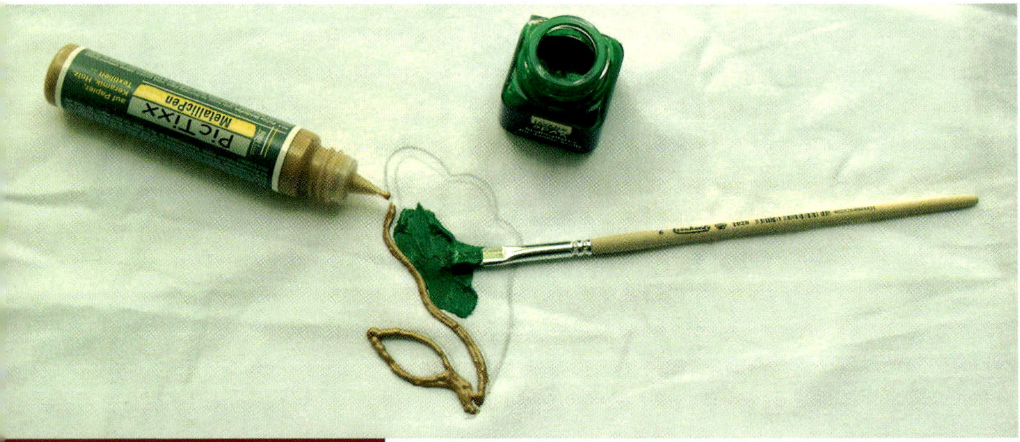

Schnell und preiswert lassen sich mit Textilmalfarbe und speziellen Stiften kleine und große Motive gestalten.

wären. Hier helfen pfiffige Produkte aus dem Bastelladen. Da wäre zunächst die gute alte Textilfarbe (s. Abb. A), die es für helle und dunkle Stoffe gibt. Mit tubenartigen Malstiften lassen sich Konturen ziehen, die plastisch hervortreten, metallisch glänzen oder auch Glimmerpartikel enthalten können. Mit dem Bügeleisen fixiert, sind Stoffmalereien recht dauerhaft und können durch ein paar Perlen noch akzentuiert werden.
Eine neue Stoffmalfarbe »Fashion Pen« von Javana wird alle

Window-Color-Fans begeistern: Man legt eine spezielle Folie über das Motiv und malt mit Konturen- und Deckfarbe auf diese Folie. Das geht sehr gut und sauber, weil keine hemmenden Stofffasern im Weg sind. Wenn die Farbe getrocknet ist, zieht man das ganze Motiv von der Folie ab, legt es auf den Stoff und bügelt es mit Hilfe eines speziellen Vlieses in den Stoff ein. Die Brandzeichen in Abb. B und C wurden so gemalt. Glanzlichter kann man nun mit Perlen und anderem glänzenden Material setzen, indem man sie einfach aufklebt. Dies wird möglich durch ein spezielles, doppelseitig stark klebendes Vlies (»Tacky Tape« von Knorr Prandell). Es ist als Folie oder in Bandform im Handel. Die ausgewählte Fläche wird mit dem Tape beklebt, dann zieht man die obere Schutzfolie ab und streut die Perlchen oder den Glimmer darüber. Das Tape hält das Schmuckmaterial sicher, aber elastisch fest und übersteht einen oder mehrere Auftritte sehr gut, bis der Staub des Bodenbelages allmählich die Klebekraft beeinträchtigt.

Achtung: Verwenden Sie Stoffmalfarbe oder Tacky Tape nicht direkt auf Ihrer Satteldecke oder Kleidung, wenn die Verzierung nicht dauerhaft darauf bleiben soll. Gestalten Sie Ihr Motiv auf einem Stückchen Stoff, schneiden Sie es aus und nähen Sie es mit wenigen Handstichen, die schnell wieder aufzutrennen sind, auf die gewünschte Fläche.

B

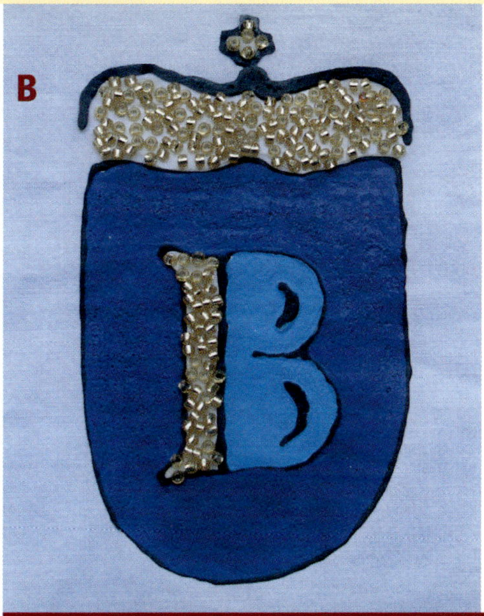

Die Grundfläche des bayrischen Brandzeichens ist mit »Fashion Pen« ausgemalt, der Balken des Buchstabens und die Krone sind mit »Tacky Tape« und goldenen Rocailles hervorgehoben.

C

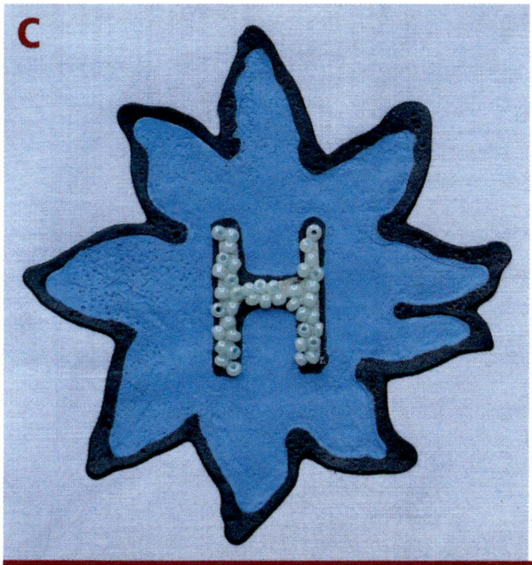

Das Haflinger-Edelweiß in freundlichem Hellblau – in Silber und Schwarz würde es dagegen sehr edel wirken.

4. Stauraum im Stall

Es ist einfach unglaublich, was man als Reiter so alles für seinen vierbeinigen Freund braucht! Von A wie Ausbinder bis Z wie Zusatzfutter gibt es tausend kleine und große Dinge, die alle untergebracht werden wollen. Häufig führt das zu Platznot und Durcheinander in der Sattelkammer. Welcher Reiter hat nicht schon verzweifelt in den Tiefen seines Spinds nach irgendeinem Ausrüstungsteil gekramt? Die Ideen dieses Kapitels sollen Ihnen helfen, wieder Ordnung ins Chaos zu bringen und alles übersichtlich zu verstauen.

In diesem Kapitel

A

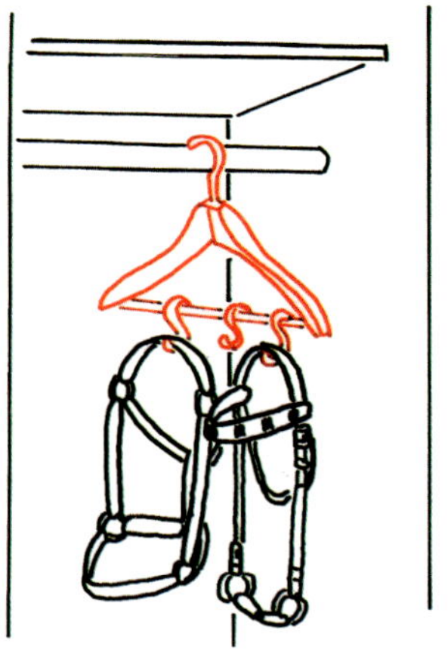

B

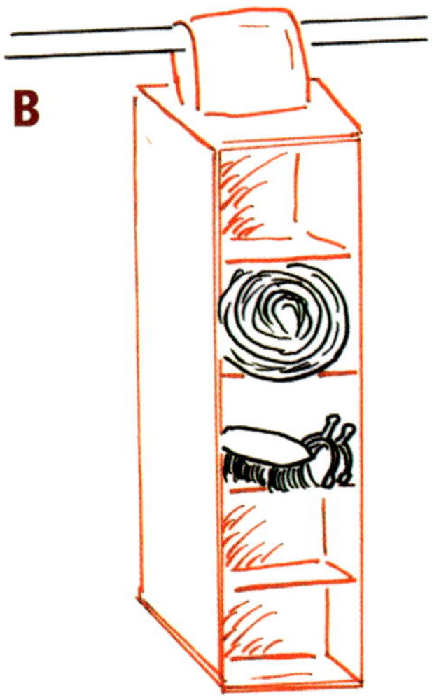

C

Ausbau in Stallschrank und Spind

Metallspinde findet man in vielen Stallgassen und Sattelkammern, denn sie sind robust und billig. Häufig bekommt man ausgemusterte von Sportvereinen oder vom Militär. Leider sind sie meist sehr schmal und haben nur einen Ablageboden. In diesem Fall weisen sie aber eine Kleiderstange auf, die man sich zu Nutze machen kann. Zum Beispiel können Sie an stabile, schwere Holzkleiderbügel entweder große Schraubhaken eindrehen oder S-Haken (Fleischereibedarf) anhängen. So nutzen Sie die Tiefe des Spinds und bringen Trense, Kappzaum und Halfter unter (vgl. Abb. A).

In Möbelhäusern finden Sie preiswert so genannte »Hängeaufbewahrungen« aus Nylon oder Baumwolle, die es in verschiedenen Breiten gibt (Abb. B zeigt die schmale Version). Hier finden Gamaschen, zusammengerollte Satteldecken, Verbandszeug, Riemen usw. ihren Platz. Wenn sie zu lang sind, schneiden Sie sie einfach ab. Den Raum unten im Spind können Sie durch Plastikkisten mit Deckel nutzen, die Sie aufeinander stapeln. Natürlich können Sie auch einen Zwischenboden einziehen, denn auch in Metall kann man ohne weiteres bohren und mit Schlossschrauben Konsolen oder Holzleisten anschrauben. Dennoch schrecken viele Leute davor zurück, zumal oft das Nachbarspind mit »angebohrt« wird. Abb. C zeigt Ihnen eine einfachere Möglichkeit: Zwei dicke Holzplatten, passend zugeschnitten, dienen als Träger für eine Platte, die mit ihnen verschraubt wird. Im Grunde ähnelt diese Konstruktion einem primitiven Mini-Tisch, der seine Stabilität dadurch erhält, dass er genau ins Spind passt. Deshalb sollten Sie ihn auch erst darin zusammenschrauben. Wenn Sie niemand finden, der Ihnen die Träger so lange hält, kleben Sie sie einfach mit doppelseitigem Klebeband an die Wände.

Wenn Sie diesen Zwischenboden hoch genug einziehen, könnte die in Abb. D gezeigte Konstruktion mit Gummi-Schnellspannern nützlich sein, um z.B. selten gebrauchte Decken unterzubringen.

Als Stallschrank dienen oft alte Kleiderschränke, Küchenschränke und ähnliches. Eine einfache Hakenleiste (Abb. E) kann sich jeder leicht selbst machen, denn Garderobenleisten sind meist ziemlich teuer. Dafür werden Rundholzstäbe in kurze Stücke gesägt und von hinten auf eine Holzleiste geschraubt. Angeschraubte dicke Holzperlen sorgen dafür, dass nichts runterfällt.

Schwerlasthaken (Abb. F) sind sehr preiswert und nehmen eine Menge Last auf. Es gibt sie in verschiedenen Tiefen im Bau-

markt, daher kann man auch sperrige Ausrüstungsgegenstände wie z.B. einen Longiergurt gut darüberhängen.
Ein Lattenrost (Abb. G) ist einfach zu bauen und man kann S-Haken, Konsolträger, Kleiderbügel und vieles mehr daranhängen, er ist wirklich sehr vielseitig. Dafür schrauben Sie einfach nur Holzleisten aufeinander und befestigen sie an der Wand des Stallschranks.
Für Kleinkram sind aufgehängte Dosen (Abb. H) nützlich. Große Dosen von Olivenöl oder Gemüse bekommt man umsonst in Restaurants oder kleinen Lebensmittelläden. Man reinigt sie sorgfältig, bohrt ein Loch hinein und hängt sie an Schraubhaken auf. Auf dem Foto sehen Sie verschiedene Vorschläge, wie man auch in Ecken oder auf Ablageböden Stauraum schaffen kann: Vollständig verschließbare Plastikkisten, die es billig im Baumarkt gibt, sind ideal zur mäusesicheren Aufbewahrung von Decken und ähnlichem. Auf einem Rollbrett kann man solche Kisten irgendwo drunterschieben, wenn sie nicht selbst Rollen aufweisen. Runde Eimer nehmen viel Platz weg – es gibt sie auch schlank und eckig! Ein kleiner Gitterwagen kann in schmale Zwischenräume geschoben werden und nimmt allerlei Kleinkram auf.

H

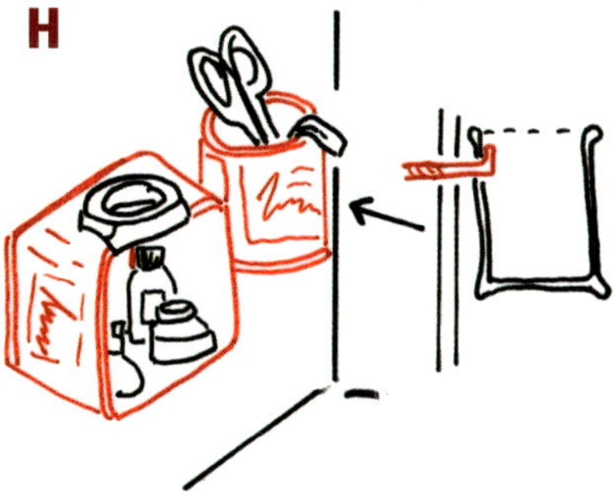

G

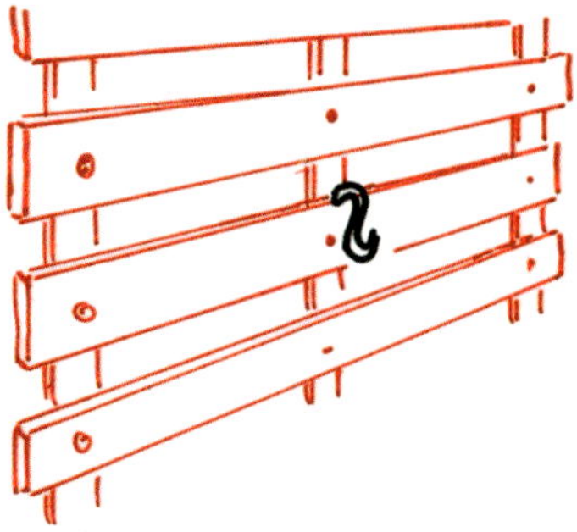

E

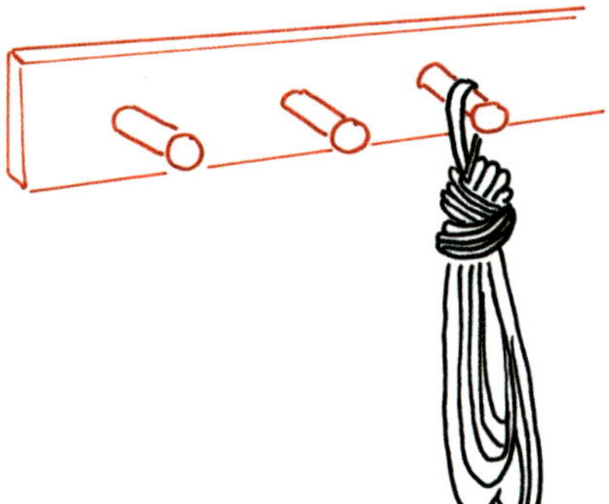

F

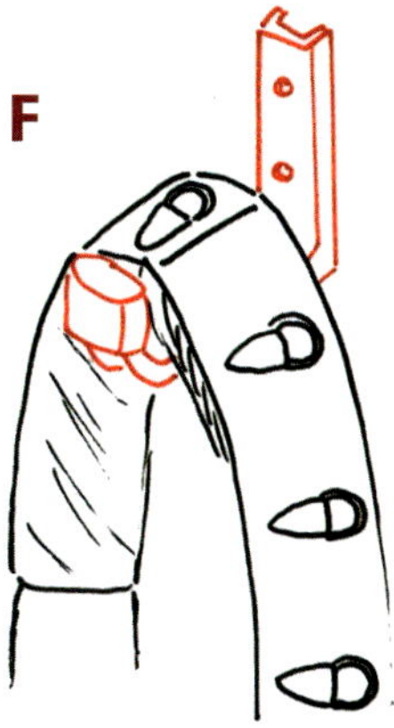

D

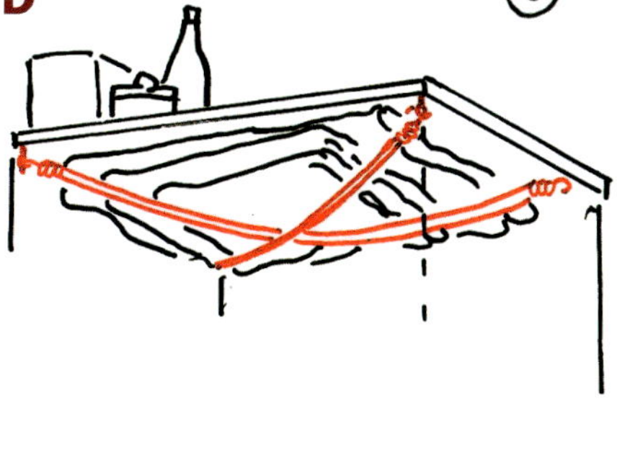

Raumkünstler für unzugängliche Ecken.

Sattel-Caddy

Dieser Sattel-Caddy lässt keine Wünsche offen: Willig verstaut und transportiert er Sattel, Trense, Decke, Putzbox, Gamaschen und noch vieles mehr. Gerade Westernreiter in Ställen mit langen Stallgassen werden ihn zu schätzen wissen, zumal er sich dank der Lenkrollen spielend leicht steuern lässt. Sie können ihn ganz nach eigenem Geschmack mit eher geraden oder geschwungenen Linien gestalten und das Holz in jeder Farbe Ihrer Wahl beizen oder lasieren. Der Zusammenbau ist ganz einfach, nur für die geschwungenen Sägeschnitte sollten Sie schon einmal eine Stichsäge in der Hand gehabt haben. Wenn Sie sich unsicher sind, können Sie diese Schnitte in einer Schreinerei ausführen lassen und den Zusammenbau dann selbst in die Hand nehmen. Das Material ist hochwertig und hat seinen Preis, der Caddy ist allerdings auch ein Stück fürs Leben und ein Design-Objekt, um das man Sie beneiden wird.

Endlich Schluss mit der Schlepperei! Der Caddy verstaut und transportiert alles, was man für das Pferd braucht und sieht dazu noch toll aus.

Teileliste

Alle Angaben sind in Millimetern und beziehen sich auf 18 mm starke Multiplex-Platten. Vergleichen Sie vor dem Kauf unbedingt die Preise, sie können recht unterschiedlich sein.

Lassen Sie sich im Baumarkt die Multiplex-Platten nach der Stückliste zuschneiden und schreiben Sie sich gleich dort mit Bleistift die Namen und Nummern der Teile direkt aufs Holz. Jetzt sollten Sie sich über das gewünschte »Design« klar werden: Die Innenschnitte können Sie ganz nach Geschmack gestalten. In Abb. A (siehe Seite 98) sind sie gerade gezeichnet, um Ihnen eine Vorstellung der Abmessungen zu geben. Runden Sie sie ganz nach Gefallen, auch ein Pferdekopf ist möglich. Zeichnen Sie sich alle runden Formen zur Hälfte vor und ergänzen Sie die andere Hälfte mit dem Kopierer, dann wird der Ausschnitt symmetrisch. Die Mittelachse ist in Abb. A jeweils gestrichelt angegeben, damit das Anzeichnen leichter wird.

Bezeichnung	Anzahl	Länge	Breite
Rückenplatte (1)	1	1004	550
Zwischenplatte (2)	1	720	550
Vorderplatte (3)	1	320	150
Bodenplatte (4)	1	800	550
Stück f. Seitenteile (5)	1	800	400
Sattelauflagen (6)	2	800	150

Fertigen Sie sich nach den Maßen von Abb. A einen Papierschnitt an, ergänzen Sie evtl. Ihre Änderungen und übertragen Sie die Innen- und Außenkonturen auf die Teile 1, 2, 3 und 5. Sägen Sie entlang dieser Linien alle Teile mit der Stichsäge aus. Für die Innenschnitte müssen Sie mit einem entsprechend großen Bohrloch Platz für Ihr Sägeblatt schaffen. Zeichnen Sie sich alle Bohrlöcher und Anreißlinien gemäß Abb. A aufs Holz (richtige Seite beachten!). Mit dem 2 mm-Bohrer bohren Sie nun alle Löcher vor und arbeiten sie mit dem Versenker (vgl. Abb. B) so nach, dass später der Schraubenkopf darin versinkt (Achtung, nicht zu tief bohren!).
Nachdem alles zugeschnitten und vorgebohrt ist, beginnt der Zusammenbau. Dafür sollten Sie sich einen Helfer besorgen und sich an Abb. C und F orientieren. Zuerst wird die Bodenplatte (4) mit der Rückenplatte (1) verbunden, hierzu legen Sie am besten beide Teile auf die Seite. Streichen Sie den unteren Rand der Rückenplatte dünn und gleichmäßig mit Leim ein und setzen Sie ihn genau im rechten Winkel auf die Bodenplatte. Ihr Helfer hält nun die beiden Teile im rechten Winkel, während Sie die Schrauben durch die Bodenplatte ins Rückenteil drehen. Als nächstes wird die Zwischenplatte (2) mit den gleichen Arbeitsschritten angesetzt. Den unteren Rand der Zwischenplatte versehen Sie mit Leim und setzen das Teil im rechten Winkel zwischen die angezeichneten Linien auf der Bodenplatte. Ihr Helfer hält beides fest und Sie drehen die Schrauben von unten durch die Boden- in die Zwischenplatte. Anschließend wird das erste Seitenteil aufgesetzt. Dazu werden die Kanten der Bodenplatte (ganz) und die der Rücken- und Zwischenplatte (so weit die Seitenteile reichen) eingeleimt und das Seitenteil aufgelegt (vgl. Abb. D). Jetzt haben Sie noch einmal die Möglichkeit, die Winkel zu korrigieren und zu fixieren. Vor allem sollte die hintere Kante des Seitenteils mit der Rückwand bündig abschließen! Drehen Sie die Schrauben durch die Seitenwand in die Kanten von Rücken- und Seitenplatte. Diese Seite ist nun fertig. Den überschüssigen Leim, der an den Fugen herausquillt, schaben Sie mit der Ziehklinge oder dem Spachtel weg. Das geht am besten, wenn der Leim schon etwas »Haut« gezogen hat (dann schmiert er nicht mehr) und Sie die Klinge von sich weg über die Fuge schieben. Drehen Sie nun alles vorsichtig auf die andere Seite und bringen Sie das zweite Seitenteil genau so wie das erste an. Jetzt wird die Sattelhalterung gebaut. Stellen Sie den Caddy hierzu auf die Bodenplatte. Streichen Sie die hintere Kante der ersten Sattelauflage und die schräge Kante der Zwischenwand mit Leim ein und setzen Sie die Sattelauflage auf. Ihr Helfer muss darauf achten, dass die hintere Kante der Auflage sauber in den eingezeichne-

Sie benötigen:

Multiplex-Holzplatten (siehe Teile-Liste), eine gummibereifte Lenkrolle mit Bremse (14 cm Durchmesser), zwei gummibereifte Lenkrollen ohne Bremse (10 cm Durchmesser), 12 Schlossschrauben (M 6 x 30), ca. 80 Spanplattenschrauben (3,5 x 35), wasserfesten Holzleim, Holzkitt, Holzbohrer (6 mm und 2 mm), Versenker (13 mm), Stichsäge und Sägeblätter (feine Schweifung), Schleifpapier (120er Körnung), Akkuschrauber, Bohrmaschine, Zirkel, Metermaß, Winkel, Ziehklinge oder Spachtel, Lineal, alles zur gewünschten Oberflächenbehandlung (z.B. Lasur und Holzöl)

B

Ein Versenker sorgt für unauffällige Schraubverbindungen.

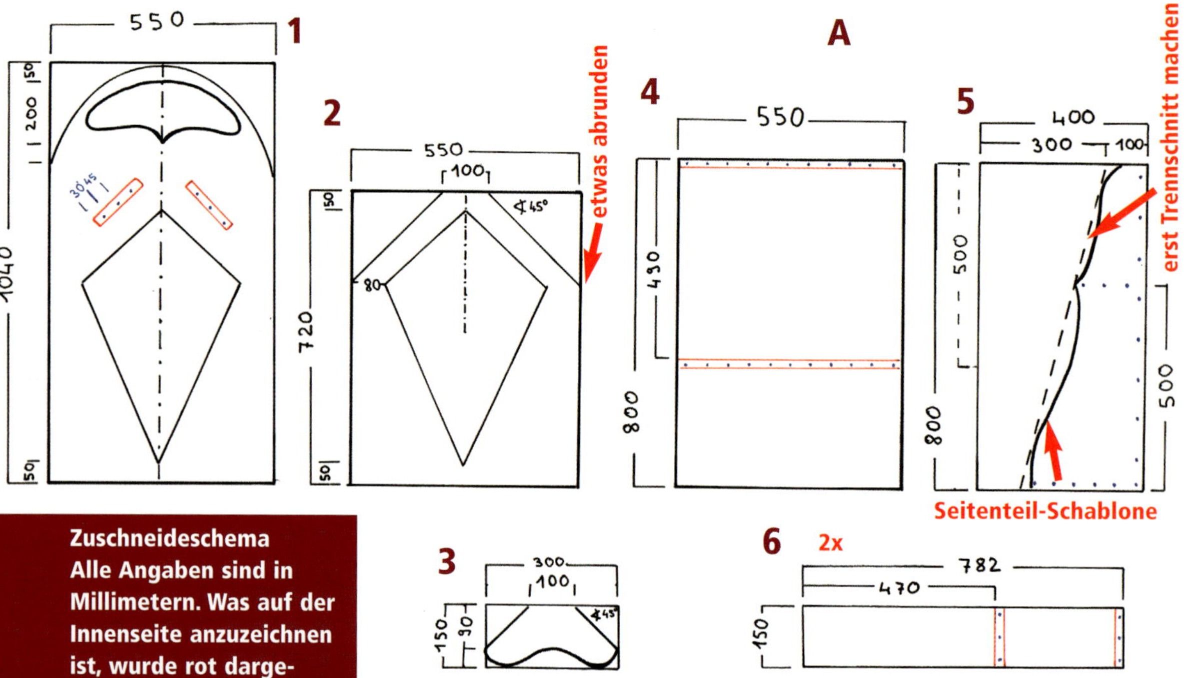

Zuschneideschema Alle Angaben sind in Millimetern. Was auf der Innenseite anzuzeichnen ist, wurde rot dargestellt, was auf der Außenseite vorzubohren oder anzuzeichnen ist, wurde blau dargestellt.

ten Linien sitzt. Drehen Sie jetzt erst die Schrauben durch die Rückwand in die Auflage, dann jene, die durch die Auflage in die Zwischenwand kommen. Die andere Auflage wird genauso angebaut. Zum Schluss leimen Sie die schrägen Kanten der Vorderplatte ein und setzen sie von unten an die Auflagen. Ihr Helfer hält die Platte bündig zu den Vorderkanten und Sie drehen die Schrauben von oben in die Vorderplatte.

Die Rollen kann man am einfachsten an den Boden schrauben, wenn man den Caddy seitlich auf 2 Böcke legt. Setzen Sie nun die Platte der vorderen Rolle so auf, dass Sie zur Vorderkante einen Abstand von 3 cm einhalten und zu beiden Seitenkanten gleichen Abstand. Mit Bleistift zeichnen Sie sich die Position der Löcher aufs Holz. Bohren Sie die Löcher mit dem 6 mm-Bohrer und schrauben Sie die Rolle so an, dass der Kopf der Schlossschrauben oben ist und die Mutter unten (vgl. Abb. E). Bei den hinteren Rollen gehen Sie ebenso vor, wobei Sie zu allen Kanten einen Abstand von 3 cm einhalten. Füllen Sie alle Schraublöcher mit Holzkitt und gehen Sie mit dem Spachtel plan darüber. Wenn der Kitt getrocknet ist, schleifen Sie alle Holzteile mit 120er Schleifpapier ab (alle Bleistiftlinien sollten verschwinden) und brechen auch die Kanten durchs Schleifen ganz leicht. Als Trensenhalterung können Sie einen oder zwei schöne Messinghaken innen oder außen an die Vorderplatte anschrauben. Die Halte-

C

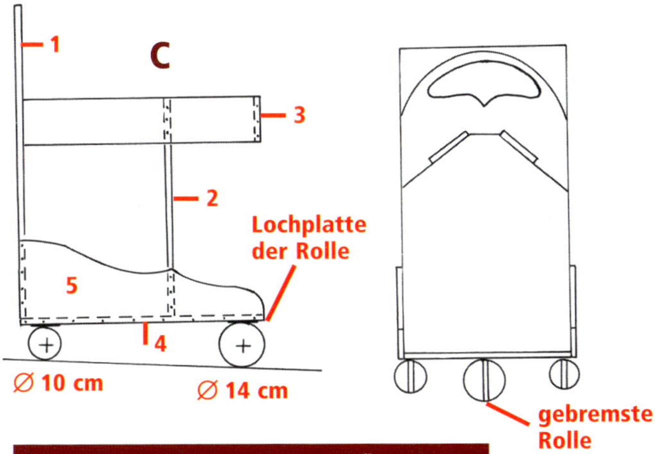

Der Aufbau des Caddys in der Übersicht.

D

Die Rückwand sitzt auf der Bodenplatte und zwischen den Seitenplatten.

E

Die Lenkrollen werden mit Schlossschrauben befestigt. An der Bleistiftlinie sehen Sie hier auch die Schrauben, die die Bodenplatte mit der Rückwand verbinden.

rung, die Sie auf dem Foto sehen, sieht schön aus, ist aber nur bedingt zu empfehlen, da sie ziemlich weit vorsteht und lange Zügel oft hinunterrutschen. Die Anleitung hierfür und ein Detailfoto finden Sie auf meiner Homepage.

Bei der Oberflächenbehandlung gibt es verschiedene Möglichkeiten. Wenn der Caddy in einer Sattelkammer aufbewahrt wird, sollten Sie nach der Farbbeize das Holz mit Öl schützen. Die Ölschicht kann immer erneuert werden und Kratzer lassen sich ausschleifen. Bei Aufbewahrung im Freien und sehr starker Beanspruchung ist nach der Farbbeize ein Überzug mit Treppenlack zu empfehlen. Hier lassen sich Kratzer allerdings kaum nachbehandeln.

Zum Schluss können Sie an der Vorder- und Zwischenplatte innen noch Haken anschrauben, um Longe, Halfter oder Reitkappe aufzuhängen.

Der Caddy im Rohbau. Deutlich sieht man die Platzierung der Schrauben und die Form der geschwungenen Innenschnitte.

F

A

Macht Schluss mit hektischen Suchaktionen: das Utensilo. Hier hat der Kleinkram einen festen Platz.

Utensilo für Kleinkram

Es gibt kleine Dinge, die die Tendenz haben, auf geheimnisvolle Weise in den Tiefen des Stallschranks zu verschwinden und genau dann unauffindbar zu sein, wenn man sie ganz dringend braucht: Pflaster, Lochzange, Schere und Handschuhe (man findet immer nur einen!) sind Beispiele dafür. Mit dem Utensilo aus festem, schmutzunempfindlichen Markisenstoff hat das ein Ende. Es ist leicht zu nähen und peppt Ihren Stallschrank optisch auf. Passen Sie Größe und Zahl der Taschen an Ihren Schrank und Ihre Bedürfnisse an.

Zuschneidetabelle:
Zeichnen Sie nach der Zuschneidetabelle auf der Rückseite des Stoffes alle Teile auf und schneiden Sie sie aus. Schreiben Sie sich dabei gleich auf die Rückseite der Taschenteile, was hinein soll. Mit dem Einfassband werden alle Oberkanten der Taschenteile und der Rand der Grundfläche eingefasst. Bei ausfransendem Stoff müssen Sie die restlichen 3 Kanten der Taschenteile mit Zickzackstich versäubern. Stecken oder bügeln Sie die beiden seitlichen Kanten aller Taschenteile jeweils einen knappen Zentimeter um und steppen Sie den Umschlag knappkantig fest. Danach machen Sie das gleiche mit allen Unterkanten. Messen sie von jeder Seitenkante nach innen 4 cm ab und markieren Sie den Abstand mit einer Stecknadel. Die 4 cm werden später in Falten gebügelt. Die Fläche zwischen den beiden Stecknadeln wird nachher zu sehen sein; auf sie wird auch gezeichnet oder geschrieben. Kontrollieren Sie, ob Ihre Vorderflächen mit Abb. B übereinstimmen. Zur Not nehmen Sie nur 3,5 cm Breite für die Falten.

Auf die Taschen schreiben oder malen Sie mit dem Textilmal- oder Plusterstift, was hinein soll. Trockenzeit und Fixierung richten sich nach Art der Farbe. Die Vorlagen für die Symbole auf diesem Utensilo finden Sie auf meiner Homepage, ebenso Tipps zum Übertragen und Hinweise für Plusterstifte. Um Blasebalgtaschen nähen zu können, werden zunächst in alle Taschen Falten sorgfältig eingebügelt. Dazu klappen Sie einen Seitenrand an der 4 cm-Markierung nach links (Knick 1 in Abb. C) und die Hälfte dieses Streifens wieder zurück (Knick 2) und bügeln mehrfach darüber, so dass die zwei Falten im Stoff bleiben. Jetzt legen Sie die Taschen flach auf die entsprechenden Stellen der Grundfläche, wie es Abb. B zeigt. Fangen Sie dabei unten an. Wenn eine Tasche richtig positioniert ist, stecken Sie erst eine Seitenkante fest

Stoffteil	Höhe	Breite
Grundfläche	55	46
Erste Hilfe	16	32
Sporen	16	28
Lochzange	21	22
Schere	21	18
Handschuhe	21	28
Notizblock	11	28
Taschentücher	11	18

B

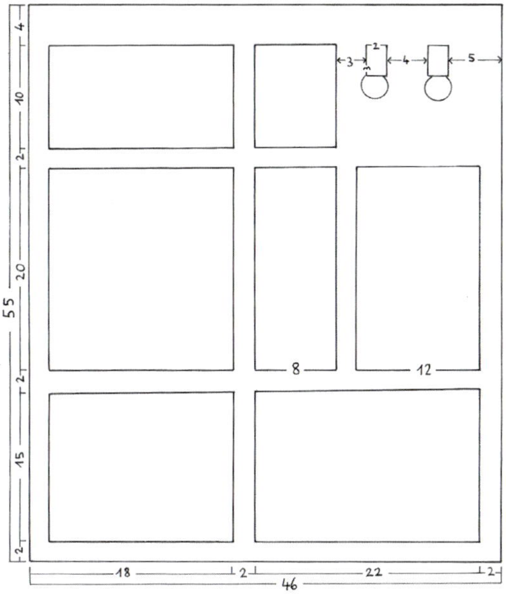

Übersicht über die Position der Taschen auf der Grundfläche (alle Angaben in cm). Gezeigt ist nur die Vorderseite der Taschen.

Sie benötigen:

1 m Markisenstoff (1 m breit), eine Spindel Einfassband (2,5 m), Nähgarn in den entsprechenden Farben, 2 Metallringe, Textilmal- oder Plusterfarbstift, Textilkleber (oder Uhu-Bastelkleber), Schneiderkopierpapier, Stecknadeln, Schere, Nähmaschine mit Jeansnadel, Bügeleisen, Lineal, Maßband, Rundholzstab zum Aufhängen

und steppen sie knappkantig auf, dann die andere (in Abb. C rot). Verriegeln Sie vor allem an den Oberkanten sorgfältig, damit später die Tasche nicht ausreißt.

Wenn alle Seitenkanten aufgesteppt sind, werden die unteren Taschenkanten aufgenäht (in Abb. C blau). Schneiden Sie vom Einfassband ein Stück von 14 cm ab und kleben Sie an beiden Enden 1 cm mit dem Textilkleber nach innen. Legen Sie dann das Band in der Hälfte zusammen (links auf links) und steppen Sie an beiden langen Seiten entlang, so dass Sie ein festeres Stück von 6 cm Länge erhalten. Dieses klappen Sie um einen Ring und nähen es fest. Anschließend kleben Sie die Aufhängung an die richtige Stelle (vgl. Abb. B) und nähen Sie nach kurzem Trocknen fest. Mit dem anderen Ring verfahren Sie genauso. Ein Ring ist für den Schlüssel, der andere für eine Longierbrille.

Für die Aufhängebänder schneiden Sie einen Stoffstreifen von 24 x 6 zu und nähen auf beide langen Seiten Einfassband auf. Zerschneiden Sie den Streifen in drei Stücke à 8 cm und versäubern Sie an jedem Stück eine kurze Seite mit großem Zickzackstich. Die anderen kurzen Seiten werden mit Einfassband versäubert: Dazu schneiden Sie drei 8 cm lange Stücke vom Einfassband, kleben die Enden etwa 1 cm nach innen und nähen Sie dann um die Enden der Aufhängebänder. Stecken Sie diese als geschlossene Laschen an die obere Seite des Utensilos, die mit Band versehene Seite nach vorne, wie Sie es auf dem Foto sehen können. Durch die Laschen wird ein Rundholzstab geführt und im Stallschrank aufgehängt.

C

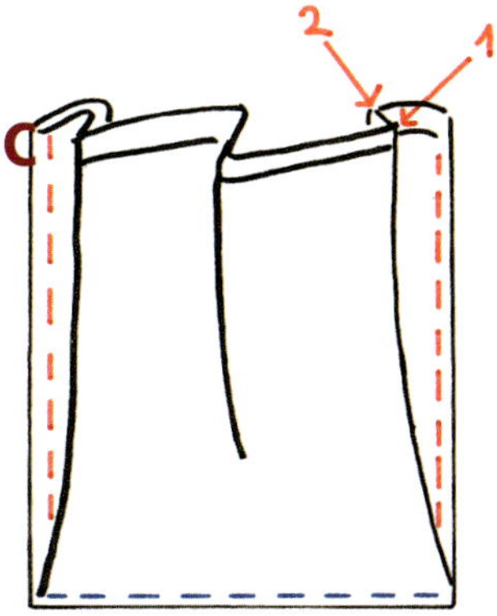

Blasebalgtaschen sind geräumig und einfach zu nähen.

Hinweis

Achten Sie darauf, dass Sie jeweils das richtige Nähgarn verwenden, wenn Sie Einfassband oder eine normale Naht steppen.

Putzbox de luxe

Wer gerne alle, wirklich alle Pflegeutensilien zusammen hat, dem werden die käuflichen Putzboxen schnell zu klein. Vor allem als Reisekiste macht sich die große Box sehr gut: wenn man häufig Veranstaltungen mit seinem Pferd besucht, bleibt es ja nicht bei Striegel, Bürste und ein oder zwei Sprays. Gerne hätte man dann auch viele wichtige Zubehörteile und alle Medikamente in einer Kiste, um nicht mit Eimern und Tüten improvisieren zu müssen. Diese Box schluckt bereitwillig alle Flaschen und Dosen, das Erste-Hilfe-Kästchen, sämtliche Bürsten und dazu noch Gamaschen, Halfter, Fliegendecke usw. Leer wiegt sie 4,5 kg und eine normal große und kräftige Frau kann sie auch voll beladen noch gut tragen.

Für alle Putzteufel, Reiselustigen und »Hamster« unter den Reitern: Die Putzbox de luxe verstaut alles.

Teileliste

Alle Angaben sind in Millimetern und beziehen sich auf 6 mm starkes Kiefernsperrholz, nur die Trennwände bestehen aus 3 mm starkem Sperrholz.

A

Bezeichnung	Anzahl	Breite	Höhe
Rückwand	1	600	400
Vorderwand	1	600	400
Seitenwände	2	288	400
Bodenplatte	1	588	288
Deckel	1	620	310
Trennwände	2	285	320

B

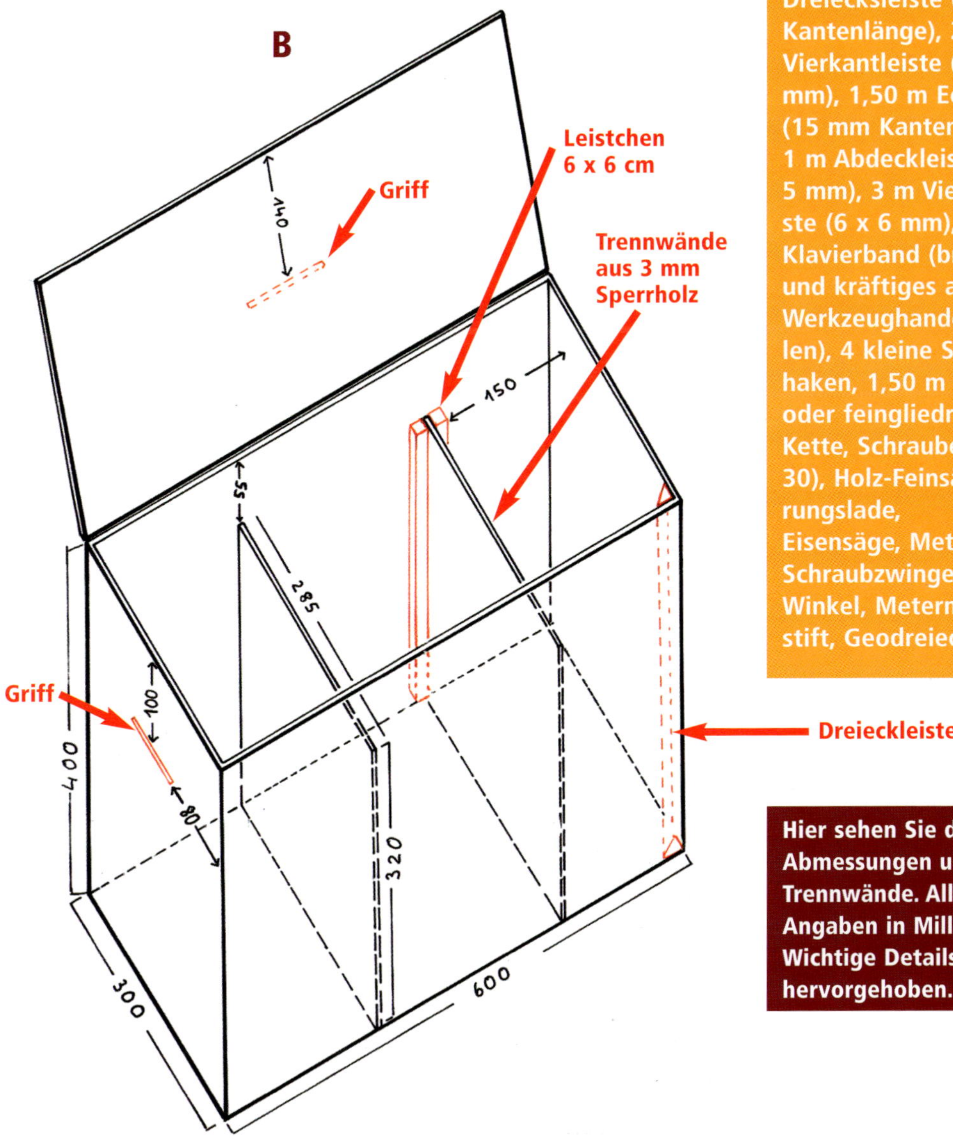

Sie benötigen:

Sperrholz laut Liste, 3 Alu-Griffe und passende Schloss-Schrauben, 1 verschließbarer »Überfall«, Propellerleim, 2 m Vierkantleiste (10 x 15 mm), 2 m Dreiecksleiste (10 mm Kantenlänge), 20 cm Vierkantleiste (25 x 25 mm), 1,50 m Eckleiste (15 mm Kantenlänge), 1 m Abdeckleiste (30 x 5 mm), 3 m Vierkantleiste (6 x 6 mm), 56 cm Klavierband (breites und kräftiges aus dem Werkzeughandel wählen), 4 kleine Schraubhaken, 1,50 m Schnur oder feingliedrige Kette, Schrauben (3 x 30), Holz-Feinsäge, Gehrungslade, Eisensäge, Metallfeile, Schraubzwingen, Winkel, Metermaß, Bleistift, Geodreieck

Hier sehen Sie die Abmessungen und die Trennwände. Alle Angaben in Millimetern. Wichtige Details sind rot hervorgehoben.

C

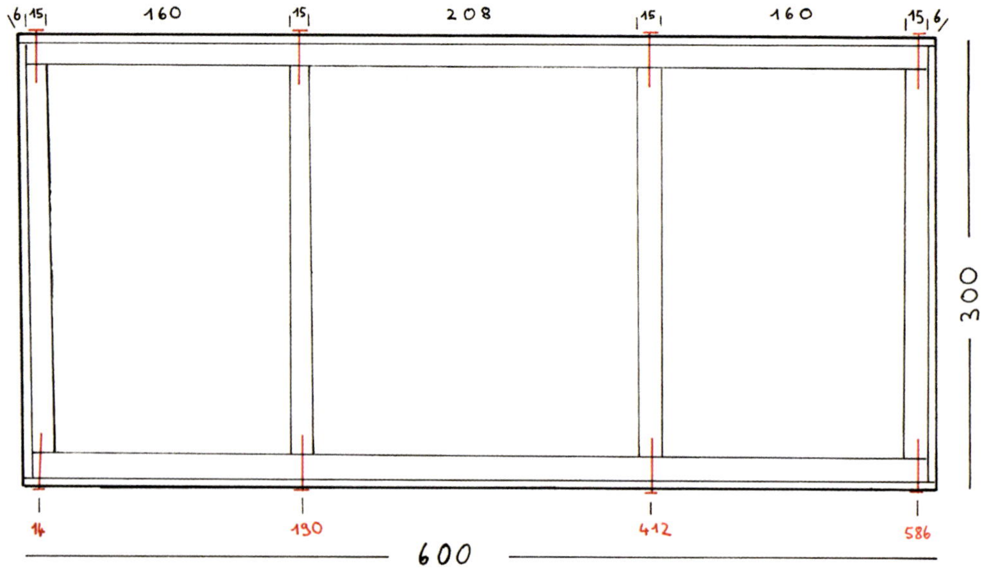

Der Boden der Putzkiste in der schematischen Übersicht. Alle Angaben in Millimetern.

Lassen Sie sich im Baumarkt die Holzplatten exakt zusägen. Beim Bau der Putzkiste orientieren Sie sich an Abb. B. Sägen Sie zuerst von der Dreiecksleiste vier Stücke von 370 mm ab und leimen Sie sie so auf die Seitenteile, dass sie oben und hinten bündig abschließen.

Streichen Sie dünn Leim auf die noch freien Flächen der Dreiecksleisten und setzen Sie die Vorder- und Rückwand an die Seitenteile. An den kurzen Seiten setzen Sie jeweils zwei Schraubzwingen an. Wenn der Leim abgebunden hat, drehen Sie den Korpus um, sodass die Unterseite oben ist und legen die Bodenplatte lose auf die Eckleisten. Sägen Sie die Vierkantleiste von 10 x 15 mm in Stücke von 588 mm (2x) und 258 mm (2x). Streichen Sie dünn Leim auf die Verbindungsflächen zwischen Boden und Leiste und Wand und Leiste und setzen Sie die Leisten auf, wie es Abb. C zeigt. Zwingen Sie die Leisten an die Wände und warten Sie, bis der Leim abgebunden hat.

An der Vorder- und Rückwand bohren Sie mit einem 2 mm Holzbohrer 1,5 cm von der unteren Kante entfernt jeweils 4 Löcher vor, die Abstände zeigt Ihnen Abb. C (rote Zahlen). Hier drehen Sie die Schrauben hinein. Von der Vierkantleiste mit 25 mm Kantenlänge sägen Sie vier Stücke von 4 cm Länge ab.

Diese Füße werden in die Ecken des Bodens geleimt und jeweils durch eine Schraube, die von innen durch die Bodenplatte gedreht wird, befestigt. Leimen Sie jetzt die Vierkantleistchen (6 mm Kantenlänge), die die Zwischenwände stützen, innen an

Vorder- und Rückseite, wie es Abb. B zeigt.
Schrauben Sie das Klavierband an den Deckel. Bitten Sie einen Helfer, Ihnen den Deckel zu halten und schrauben Sie das Klavierband an das Rückenteil. Damit der Deckel Halt hat, drehen Sie die kleinen Schraubhaken an die vorderen Ecken des Deckels und eine günstige Stelle innen an den Seitenteilen und befestigen die Kette daran. Schrauben Sie die Griffe mit den Schlossschrauben an, die Muttern sitzen innen. Den Teil der Schrauben, der übersteht, sägen und feilen Sie ab.
Mit Hilfe des Geodreiecks zeichnen Sie sich in die beiden vorderen Ecken des Deckels einen 45°-Winkel auf das Holz. Legen Sie jetzt die Eckleiste so auf die Kante des Deckels, dass sie hinten bündig abschließt und setzen Sie die Bleistiftlinie vom Deckel auf der Leiste fort. Legen Sie die Leiste in die Gehrungslade und sägen Sie mit der Feinsäge genau neben der Markierung. (Man sägt nicht exakt an der Markierung, sonst wird das Stück durch den Sägeverschnitt zu kurz.) So verfahren Sie mit allen drei Kanten des Deckels. Die hintere Kante kann keine Eckleiste bekommen, sonst könnte man den Deckel nicht öffnen. Hier wird die Abdeckleiste aufgeleimt, die Sie passend zusägen.
Schrauben Sie den Überfall auf. Den Höhenunterschied zwischen der Eckleiste auf der Vorderkante und dem restlichen Deckel gleichen Sie aus, indem Sie ein Stückchen Holz in der gleichen Stärke wie die Leiste unter die hintere Kante des Überfalls leimen.
Als Oberflächenbehandlung empfiehlt sich eine Lasur nach Wunsch und danach Holzöl.

D

Leisten tragen den Boden. Statt Füßen können Sie natürlich auch Rollen an den Boden schrauben.

A

Auf diesem Trockengestell kann man sechs Abschwitzdecken zum Lüften aufhängen und es dann einfach unter die Decke ziehen, sodass es aus dem Weg ist.

Trockengestell für Abschwitzdecken

Im Winter gibt es in fast jedem Stall das Problem, dass kein richtiger Trockenplatz für die Abschwitz- und Paddockdecken vorhanden ist. Die Decken werden dann über Stallschranktüren drapiert oder über Boxenwände gehängt und häufig findet man sie am nächsten Tag von Pferdezähnen bearbeitet vor oder – immer noch feucht – in einer Ecke der Sattelkammer. Dieser Deckentrockner lässt sich über zwei Seilrollen bis unter die Decke ziehen und nutzt daher auch die Höhe des Raums, der in vielen Stallgassen und Sattelkammern vorhanden ist. So weit oben stören die Decken niemanden, können gut trocknen und bei Bedarf lässt man das Gestell einfach herab.

Sägen Sie das Holzstück diagonal in zwei Hälften. Markieren Sie mit Bleistift die Mittelpunkte für die Löcher (vgl. Abb. C) und bohren Sie mit dem Forstnerbohrer die Durchlässe für die Stangen aus. Das Loch für die Schnur wird mit dem 8 mm-Bohrer gebohrt. Das erste Seitenteil können Sie als Schablone für das zweite verwenden. Wenn beide Seitenteile gebohrt sind, runden Sie die Ecken mit der Säge oder einem Bandschleifgerät ab. Anschließend brechen Sie die Kanten mit Schleifpapier.

Führen Sie die Stangen durch die Seitenteile und lassen Sie sie etwa 10 cm überstehen. Mit den Schraubhaken und einem geeigneten Verbindungsstück (dicker Draht, Kette, Seil mit hoher Reißfestigkeit) werden die Seilrollen an der Decke befestigt. Ideal ist dafür ein Holzbalken. Die Doppelseilrolle kommt an die Seite, an der das Gestell hoch- und runtergelassen wird. An dieser Seite schrauben Sie auch die Klampe (siehe Abb. D) in bequemer Höhe an der Wand fest. Binden Sie das Seil an einem Seitenteil fest. Führen sie es über die Einzelrolle und die Doppelrolle hinunter zur Klampe, von dort wieder zurück zur Doppelrolle und hinunter zum zweiten Seitenteil. Das Ende binden Sie dort fest. Das überschüssige Seil wird um die Klampe gewickelt. Die Seitenteile können Sie noch nach der Position der Seilrollen ausrichten, damit sich das Gestell leicht bewegen lässt. Überprüfen Sie, ob es leicht hoch- und runterzulassen ist. Wenn die Stangen viel »Spiel« in ihren Löchern haben, sollten Sie sie danach mit etwas Leim befestigen. Meist ist dies aber nicht nötig.

B

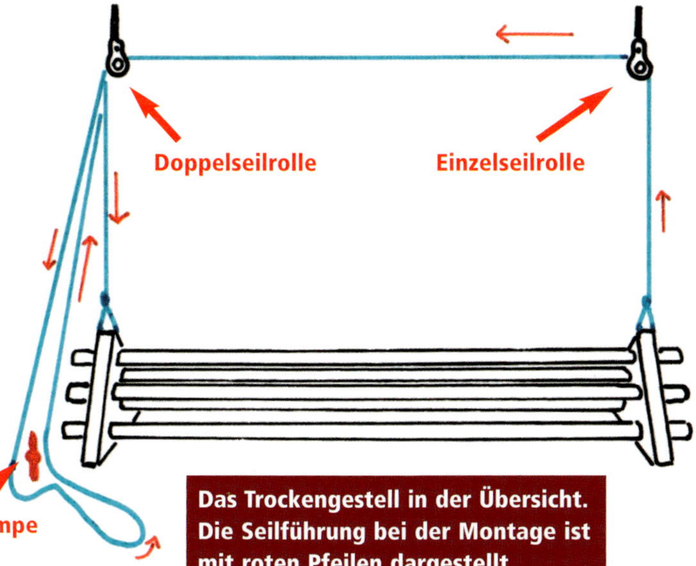

Das Trockengestell in der Übersicht. Die Seilführung bei der Montage ist mit roten Pfeilen dargestellt.

Sie benötigen:

6 Rundholzstangen (2 m lang) von 23 mm Durchmesser oder mehr, ein Stück 18 mm starke Multiplexplatte (80 x 80 cm), 20–25 m (je nach Höhe der Wand) glattes, belastbares Seil (6 mm stark), eine Doppel- und eine Einzelseilrolle mit Durchlass von 6 mm, kräftige Schraubhaken (evtl. mit Dübeln) um die Seilrollen aufzuhängen, evtl. Draht oder Kette als Verbindungsstück, eine Klampe, Bohrmaschine (am besten Ständerbohrmaschine), Forstnerbohrer im Durchmesser der Stäbe, 8 mm-Holzbohrer, Stichsäge, Schleifpapier, wenn vorhanden Bandschleifer

Sägeschema für die Seitenteile. Alle Angaben in Millimetern.

C

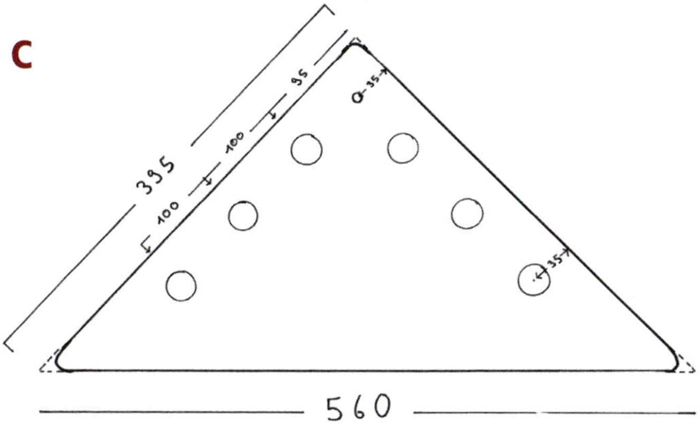

D

So sieht eine Klampe aus. Das herunterhängende Seil wird um sie herum gewickelt.

5. Für den Reiter

Reitkleidung selber nähen? So wird mancher Leser ungläubig fragen. Tut es denn nicht der alte Pulli? Man könnte zurückfragen: Sind Sie es nicht leid, dass Sie ständig zu wenig Platz für Ihre Siebensachen haben? Wo bringen Sie Ihre Taschentücher und den Autoschlüssel unter? Gerade Damenkleidung weist häufig keine Taschen für Kleinkram auf. Der alte Pulli schummelt sich vielleicht auch gern zwischen Sattel und Allerwertesten, zieht Fäden und saugt sich voll Wasser, wenn man die Hufe wäscht – alles sehr lästig, aber man hat sich dran gewöhnt. Und Reitwesten? Die sind schick und nicht unpraktisch – aber viele Reiter ziehen sich gern lässiger an, vor allem wenn noch viel Stallarbeit auf sie wartet. Also doch T-Shirt und Pulli – aber von der richtigen Sorte: mit Taschen und aus Stoffen, die alles mitmachen. Wir verbringen so viel kostbare Zeit bei unseren vierbeinigen Freunden, da sollte individuelle und zweckmäßige Kleidung kein Luxus sein. Vor allem, wenn sie so einfach nachzumachen ist wie in den nachfolgenden Ideen.

In diesem Kapitel

Bevor Sie loslegen

Dieses Kapitel zeigt Ihnen durchdachte Modelle für Reitbahn und Ausritt. Die meisten Ideen sind auch für Ungeübte leicht zu verwirklichen, beachten Sie aber die Hinweise im jeweiligen Text. Die Schnitte sind als Schemazeichnungen in einem Raster angegeben. Sie können sie ganz einfach auf Originalgröße bringen, wenn Sie sie auf burda Seidenpapier mit Zentimeter-Raster zeichnen. Noch praktischer ist burda Vliesstoff mit Zentimeterraster. Die Einteilung auf meinen Schnittzeichnungen stimmt genau mit dem Raster auf diesen Bögen überein. Ein Kästchen entspricht dabei 5 cm. Das Rastervlies ist robuster und handlicher als Seidenpapier, ich würde es einem Anfänger daher empfehlen. Zudem kann man die Schnittteile hier bei Bedarf aneinander kleben und anprobieren.

Die Nähkundigen unter den Lesern mögen Nachsicht haben: die Arbeitsanleitungen wurden so formuliert, dass auch Laien gut zurechtkommen. Auf Fachbegriffe habe ich häufig verzichtet, um Anfänger nicht zu verwirren. Mit »steppen« ist immer eine Naht im Geradstich gemeint. Wählen Sie die Stichlänge nicht zu klein; wenn Sie etwas auftrennen müssen, ärgern Sie sich sonst schwarz. Mit dem Zickzackstich werden die Kanten versäubert. Ein »Beleg« ist ein Schnittteil, das zur Versäuberung und Stabilisierung von Ausschnittkanten benötigt wird.

In den farbigen Abbildungen ist die dunklere Seite immer die rechte, der jeweils hellere Farbton bezeichnet die linke Seite.

Der Platz in einem so vielseitigen Buch ist sehr begrenzt, deshalb kann ich hier nicht darauf eingehen, wie man Schnitte vergrößert oder verkleinert, Knopflöcher arbeitet oder ähnliches. Allen, die sich gerne näher informieren möchten, empfehle ich folgendes Werk: »Nähen leicht gemacht« Verlag Aenne Burda, ISBN 3-88978-043-1. Das preiswerte kleine Buch ist ein ausgezeichnetes Nachschlagewerk und erläutert alle Nähtechniken und Spezialprobleme anhand von vielen Abbildungen. Es enthält auch Hinweise zu Nähwerkzeug, Maßnehmen, Schnittkorrekturen und eine kleine Stoffkunde. Auch wenn Sie nur Änderungen an fertiger Kleidung vornehmen wollen (z.B. einen Reißverschluss auswechseln oder Ärmel kürzen), können Sie sich hier Rat holen.

Umbau für ein T-Shirt

Ein T-Shirt nach dem »Umbau«: Wichtiger Kleinkram ist stets dabei und man hat trotzdem beide Hände frei.

Beim ersten Vorschlag in diesem Kapitel geht es darum, ein fertiges Kleidungsstück umzuändern und praktischer zu machen. Wenn man sich mit Pferden beschäftigt, ist es häufig wichtig, beide Hände frei zu haben. Bei heißem Sommerwetter, wenn man keine Westen tragen mag, gerät man in eine gewisse Verlegenheit: wohin mit Kleinkram wie Hufkratzer oder Mähnengummis? Jetzt wünscht man sich eine gut zugängliche Brusttasche, möglichst verschließbar, damit nicht alles herauspurzelt, wenn man sich bückt. Greifen wir zur Selbsthilfe: Es ist ganz einfach, in ein fertiges T-Shirt oder Top eine Reißverschlusstasche »einzubauen«. Dabei können Sie auch Erfahrungen mit dem Reißverschlussfuß sammeln. Wenn die erste Tasche etwas schief gerät, ist es bei einem Stallhemd ja nicht so schlimm.

Die fertige Innentasche wird etwa 13–14 cm breit und etwa 15 cm lang sein. Für die Taschenbeutel schneiden Sie aus dem Futterstoff zwei Stücke von 17 x 16 cm zu. Ziehen Sie das T-Shirt vorm Spiegel an, überlegen Sie sich, wo Sie die Tasche platzieren wollen und markieren Sie die Stelle mit Stecknadeln. Sie können als Vorbild auch ein fertiges T-Shirt mit Tasche nehmen. Wo der Tascheneingriff sitzen wird, bügeln Sie von links einen Vlieselinestreifen auf, um den Stoff etwas zu verstärken. Markieren Sie den Tascheneingriff auf der linken und rechten Stoffseite. Dafür zeichnen Sie ein schmales Rechteck wie in Abb. A. Die Länge richtet sich nach der Länge des Reißverschlusses + 4 mm (also hier 12,4 cm), die Höhe bemessen Sie so: Breite der Reißverschlusszähnchen + 3 mm.
Auf einen Taschenbeutel zeichnen Sie ebenfalls den Tascheneingriff auf und stecken ihn dann rechts auf rechts so auf das T-Shirt, wie es Abb. B zeigt. Die Markierungen müssen aufeinandertreffen. Steppen Sie nun von der linken Seite das markierte Rechteck genau nach. Anschließend schneiden Sie den Stoff zwischen den Steppnähten auf, in den Ecken machen Sie einen V-förmigen Schnitt bis dicht an die Stepplinie, wie es Abb. A zeigt.

Sie benötigen:

Ein T-Shirt oder Top (bereits gewaschen) aus geeignetem Stoff (siehe unten), einen Reißverschluss (12 cm), etwas Vlieseline, farblich zum T-Shirt passenden Futterstoff (20 cm), Nähgarn, Bügeleisen, Schere, Stecknadeln, eine lange Nähnadel, Nähmaschine, Schneiderkreide oder Bleistift, Lineal
Wichtig: Ein Reißverschluss hat ein gewisses Eigengewicht, daher darf der Stoff des T-Shirts nicht zu weich und fließend sein. Etwas körnigere, griffige Stoffe, wie sie gern für Poloshirts verwendet werden, sind ideal. Solche Stoffe reißen auch nicht so leicht ein und sind bei großer Hitze angenehm, weil sie nicht so am Leib kleben.

Ziehen Sie den Taschenbeutel durch den Einschnitt auf die linke Seite. Von rechts bügeln Sie jetzt die Eingriffkanten ganz sauber nach, sodass von dem Futterstoff möglichst nichts mehr zu sehen ist. Es ist nun ein schmales Rechteck für den Eingriff entstanden, in welches sie den Reißverschluss mit Stecknadeln feststecken und anschließend mit dem Reißverschlussfuß schmal feststeppen, wie es Abb. C zeigt. Wenn Sie wollen, können Sie anschließend noch eine zweite Steppnaht außenherum führen, das verstärkt den sportlichen Akzent. Achten Sie aber darauf, dass Sie parallel zur ersten Steppnaht nähen. Jetzt stecken Sie den zweiten Taschenbeutel auf den ersten, wie es Abb. D zeigt. Überprüfen Sie noch einmal, wie groß Sie die Tasche haben möchten und steppen Sie dann die beiden Taschenbeutel zusammen. Überstehenden Stoff schneiden Sie ab, wobei Sie einen kleinen Rand stehen lassen, der mit Zickzackstich versäubert wird.

Die Abbildungen wurden mit freundlicher Genehmigung des Burda-Verlages aus dem Buch »Nähen leicht gemacht« entnommen.

A

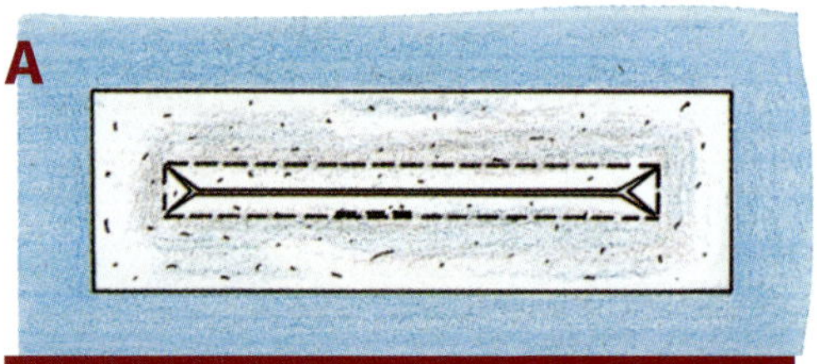

Der Tascheneingriff wird als Rechteck markiert. Eingeschnitten wird erst, nachdem die Markierung abgesteppt wurde.

C

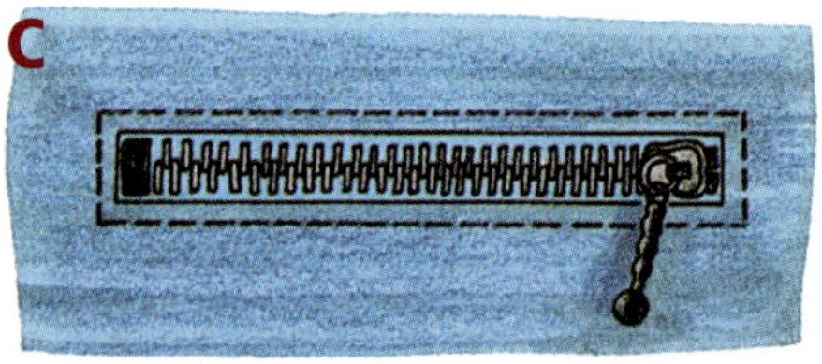

In den bereits versäuberten Tascheneingriff wird der Reißverschluss von rechts festgenäht.

B

Der erste Taschenbeutel wird von rechts aufgesteppt und dann durch den Einschnitt nach innen gezogen.

D

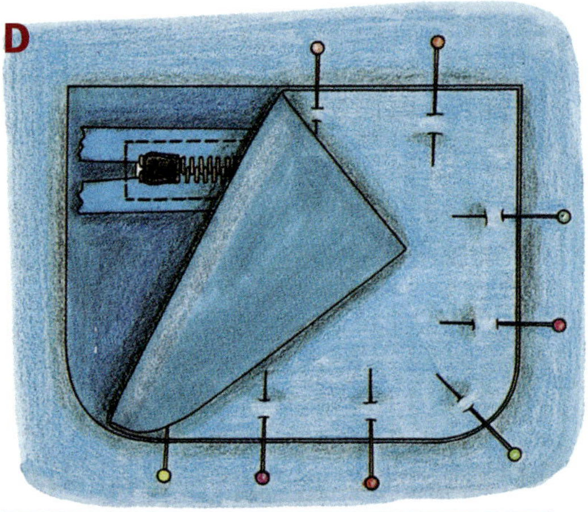

So steckt man die Taschenbeutel zusammen.

Leichter Fleecepulli

Fleecepullis mit Zipp-Rollkragen sind sehr praktisch im Winter. Mit einer Handbewegung kann man die Wärmeabgabe regulieren und sich vor kalten Winden am Hals schützen. In den verschließbaren Taschen kommt Kleinkram unter und man kann sich gut die Hände darin wärmen. Solche Pullis gibt es auch zu kaufen. Allerdings sind sie fast immer aus dickem Polarfleece, das sehr unter einer Jacke aufträgt und sich beim Reiten gern am Sattel »aufstellt«, sodass man ein bisschen ballonartig aussieht. Frotteefleece, aus dem der maisfarbene Pulli genäht ist, fällt hingegen immer sehr gut, kein Reitlehrer wird hier meckern. Dazu ist er innen weich aufgeraut und daher der kuscheligste von allen Fleecesorten – wenn Sie mal einen Pulli daraus haben, werden Sie ihn ständig tragen wollen. Sehr angenehm ist auch, dass das Material kleine Nähfehler gnädig versteckt: Schwankungen in der Nahtführung fallen in den feinen Schlingen nicht auf und der lockere Fall des Stoffes gleicht Unregelmäßigkeiten

Sie benötigen:

2,20 m Frottefleece oder anderes Fleece (150 cm breit), Taschenfutter oder Baumwollstoff (für zwei Taschenbeutel), Futterrest in passender Farbe, Vlieseline, Nähgarn, 2 Reißverschlüsse (Damen: 16 cm lang, Herren: 18 cm), ein Reißverschluss (35 cm), burda-Rasterpapier, Papierschere, Stoffschere, Bleistift, Schneiderkreide, Lineal oder Handmaß, Maßband, Nahttrenner

Kuschelig, praktisch, sieht gut aus: So einen Pulli muss man haben!

Rasterschnitt – ein Kästchen entspricht 5 cm. Erklärung der Zeichen auf S. 7.

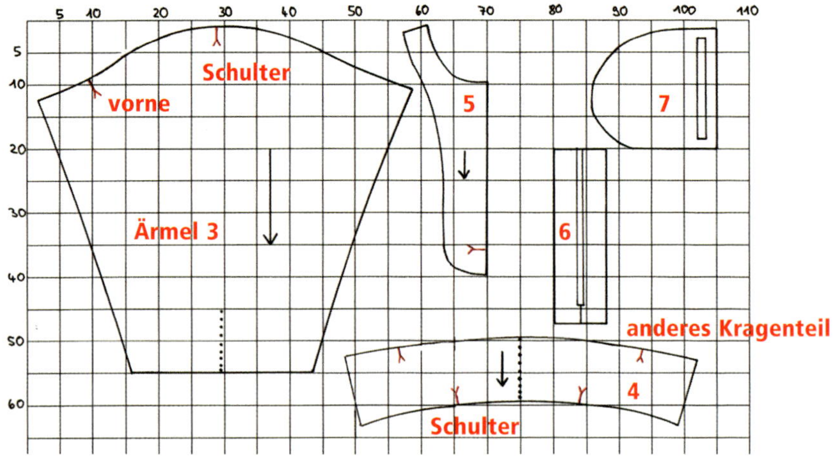

A

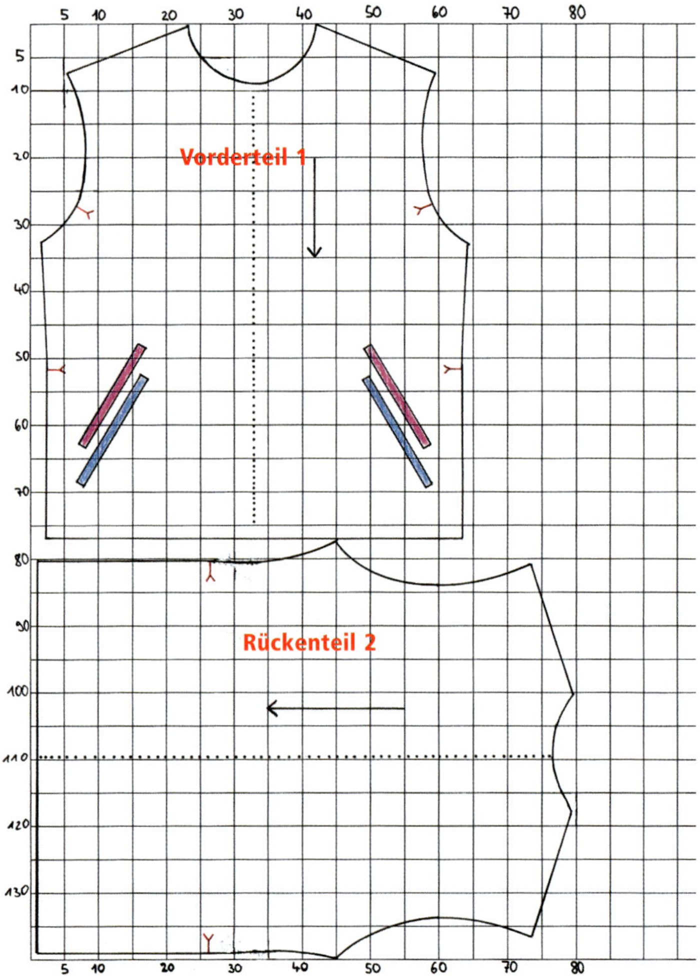

B

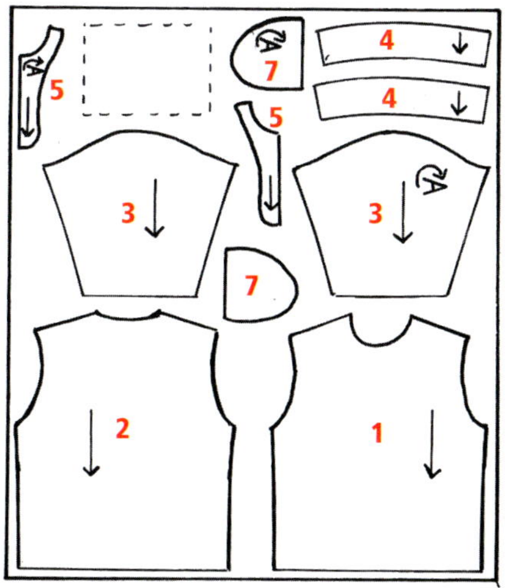

Schnittauflageplan

C

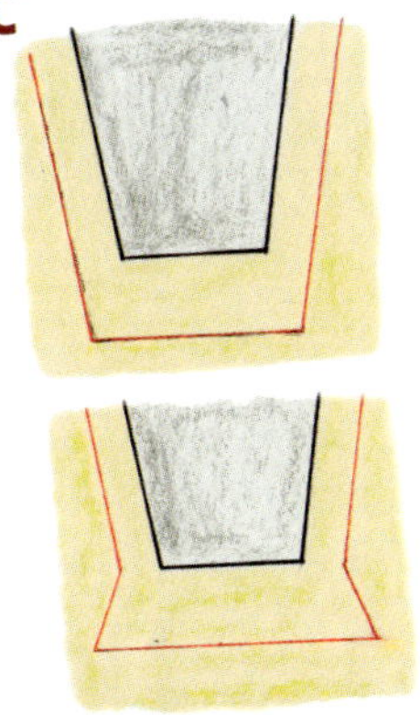

Nahtzugaben an Ärmelsäumen

D

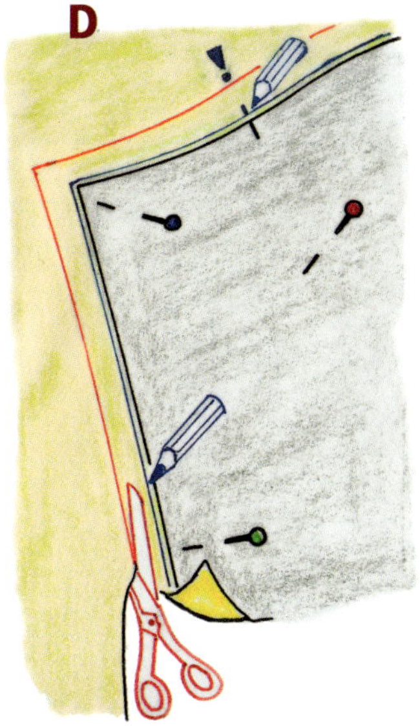

Gut angezeichnet ist halb genäht!

E

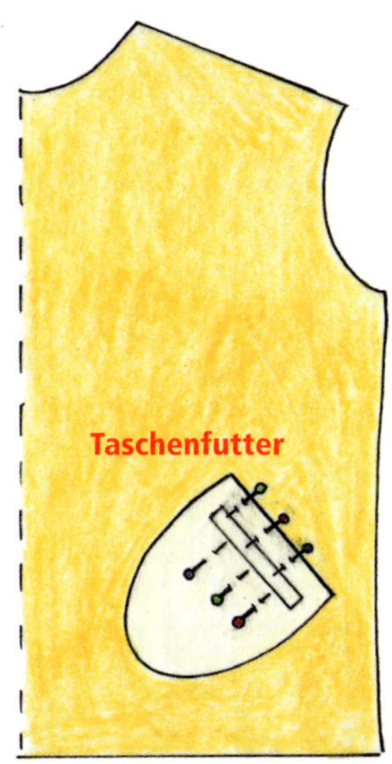

So werden die Taschenbeutel aufgesteckt.

in der Schnittführung aus. Der Pulli ist nicht schwer zu nähen, sollte aber nicht Ihr erstes Nähprojekt sein, weil drei Reißverschlüsse eingearbeitet werden. Frotteefleece »pillt« nicht und franst nicht aus, daher spart man sich das Versäubern – nur die Taschen bilden eine Ausnahme.

Vergrößern Sie die Schnittzeichnung (Abb. A) mit Hilfe des Rasterpapiers auf Originalgröße und schneiden Sie die Schnitteile aus. Die Teile, die Sie zweimal brauchen, sollten Sie als Anfänger auch zweimal aus Papier zuschneiden. Bei den Taschenbeuteln, Latzteilen und Ärmeln zeichnen Sie dabei den Schnitt einmal wie angegeben und einmal spiegelverkehrt, wie im Schnittauflageplan (Abb. B) angegeben. Die rosa gezeichneten Taschenschlitze im Vorderteil sind für die Damen, die blauen für die Herren.

Legen Sie Ihren Stoff mit der rechten Seite nach unten auf einen großen Tisch oder einfach auf den Boden. (Achtung: Wenn Sie gut nähen können, schneiden Sie natürlich im Stoffbruch zu, für einen Anfänger ist aber der folgende Zuschneideplan besser zu verstehen.) Nun legen Sie die Schnitteile auf die linke Seite des Stoffes, wie in Abb. B gezeigt. Beachten Sie dabei bitte folgendes: Die Schnitteile 1, 2, 3 und 4 müssen alle im richtigen Fadenlauf und der gleichen Strichrichtung auf dem Stoff liegen. Der Fadenlauf ist auf den Schnitteilen als Pfeil eingezeichnet. Wenn dieser Pfeil parallel zu den seitlichen Webkanten Ihres Stoffes verläuft, ist alles in Ordnung. Dann fällt der Pulli nachher gut.

F

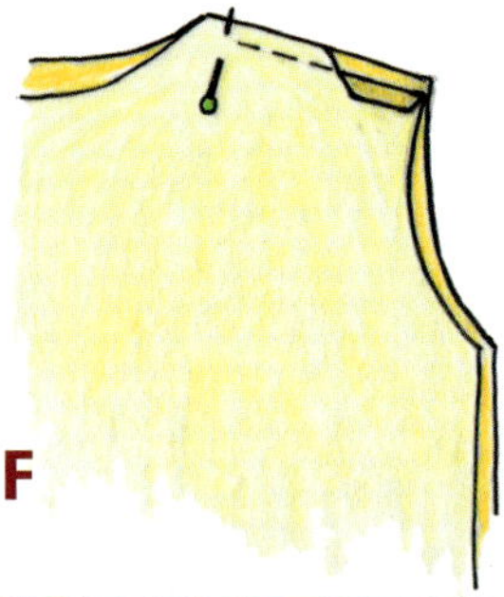

Schließen der Schulternähte

G1

G2

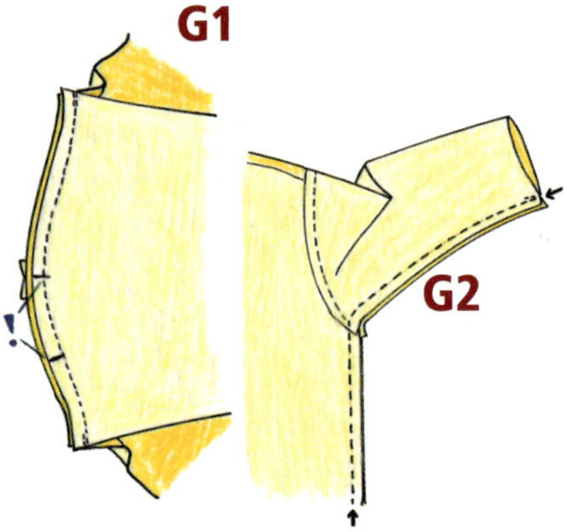

Einsetzen der Ärmel

J

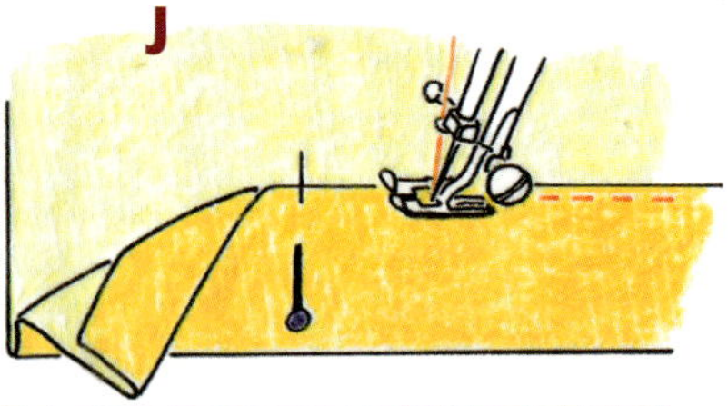

Die Säume werden doppelt eingeschlagen.

Die Schnittteile liegen dann in der gleichen Strichrichtung, wenn die unteren Kanten der Schnittteile alle in die gleiche Richtung zeigen. Manche Fleecesorten haben einen recht ausgeprägten Strich (Richtung, in die die Härchen stehen) und wenn man nicht darauf achtet, gibt es deutliche Farbunterschiede im Kleidungsstück. Wenn Sie die Schnittteile auflegen, müssen Sie stets bedenken, dass ringsherum noch Nahtzugabe dazukommt und zwar bei allen normalen Nähten 1,5 cm, bei allen Säumen (Ärmelkanten und untere Kanten von Vorder- und Rückenteil) 4 cm. Bei den Ärmelsäumen gilt es noch etwas zu beachten: Die Nahtzugabe verlängert hier nicht die Schnittlinien, sondern läuft wieder auseinander (vgl. Abb. C). Ärmel verjüngen sich nach unten und die Nahtzugabe darf nicht noch enger sein – der Ärmelsaum würde kneifen oder Falten schlagen. Deshalb wird hier so viel wieder erweitert, wie vorher verengt wurde.

Wenn Sie alle Teile richtig angeordnet haben, stecken Sie sie mit einigen Stecknadeln fest. Umfahren Sie dann mit Bleistift oder Schneiderkreide die Schnittteile, dann sehen Sie später deutlich, wo Sie nähen müssen. Übertragen Sie auch alle Markierungen (z. B. an der Armkugel oder für den Tascheneingriff) auf den Stoff, wie in Abb. D gezeigt. Anschließend messen Sie um die Schnittkonturen ringsherum die Nahtzugabe ab und zeichnen eine zweite Linie um die Schnittteile – und das ist nun die Linie, an der entlang Sie jetzt alle Stoffteile ausschneiden. Nehmen Sie den Papierschnitt von den Teilen ab und schreiben Sie sich sofort auf den Stoff, was für ein Teil es ist. Wenn das nicht geht, stecken Sie kleine beschriftete Zettel daran.

Aus dem Taschenfutter schneiden Sie zwei Taschenbeutel zu, aus dem normalen Futter den Reißverschlussbeleg (Teil 6) – auch hier alles mit Nahtzugabe.

Auf die beiden lätzchenförmigen Vorderteilbelege bügeln Sie auf die linke Stoffseite Vlieseline.

Jetzt werden zuerst die Taschen in das Vorderteil eingearbeitet. (Anmerkung: Wenn Sie relativ groß oder klein sind, können Sie die Taschen auch zum Schluss einfügen, wenn Sie den fast fertigen Pulli schon anprobieren können. Das ist dann etwas unbequemer, aber es geht ohne weiteres und Sie vermeiden unter Umständen falsch sitzende Taschen.)

Die Reißverschlusstaschen am Pulli werden genauso gearbeitet wie die bei dem T-Shirt auf S. 111 beschriebene. Bügeln Sie also, wie dort beschrieben, zunächst links einen Vlieselinestreifen auf und markieren Sie rechts und links den Tascheneingriff. Der Unterschied besteht nur darin, dass die Taschenbeutel auf einer Seite leicht gerundet sind, jeweils einer davon aus Taschenfutter besteht (wichtig für die Stabilität) und der Tascheneingriff

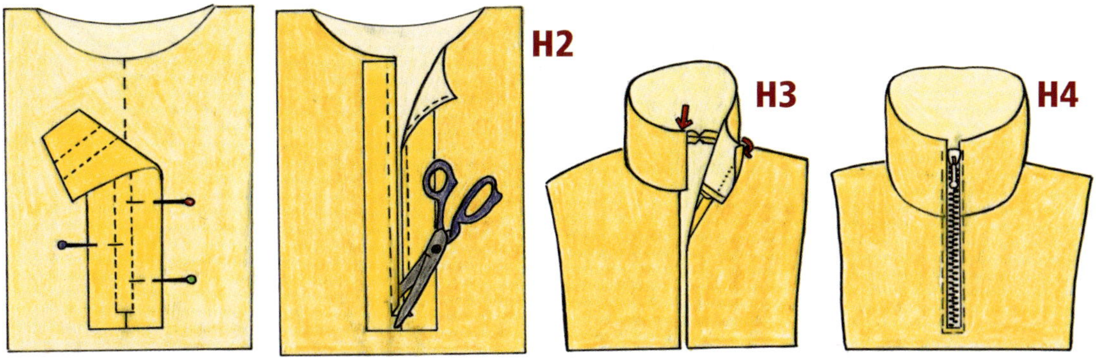

So wird der Rollkragen genäht.

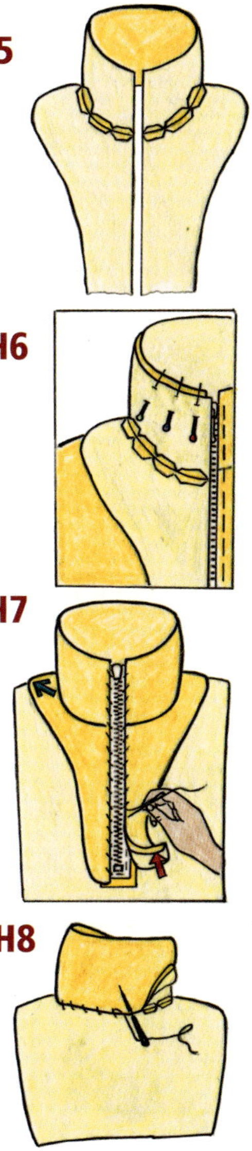

schräg läuft. Deshalb zeigt Ihnen die Abb. E, wie Sie den Taschenbeutel aus Taschenfutterstoff richtig auf das Vorderteil stecken. Alle anderen Arbeitsschritte führen Sie genauso aus wie auf S. 112 beschrieben. Der zweite Taschenbeutel besteht beim Pulli aus Fleecestoff, damit man später bei offenen Reißverschlusstaschen Fleece sieht, keinen Futterstoff.
Stecken Sie Vorder- und Rückenteil an den Schultern rechts auf rechts aufeinander, steppen Sie die Schulternaht und bügeln Sie die Nahtzugaben auseinander (vgl. Abb. F).
Stecken Sie die Ärmel rechts auf rechts an den Armausschnitt. Dabei müssen die Markierungen an Armausschnitt und Ärmel aufeinander treffen (vgl. Abb. G1). Steppen Sie die Naht und bügeln Sie anschließend die Nahtzugaben von links in den Ärmel. Stecken Sie nun die Seiten- und Ärmelnähte aufeinander und steppen Sie diese Nähte in einem Zug ab, wie es Abb. G2 zeigt. Bügeln Sie danach die Nahtzugaben auseinander.
Bevor Sie den Rollkragen beginnen, arbeiten Sie zunächst einen Reißverschlussschlitz in das Vorderteil ein. Dafür stecken Sie den Schlitzbeleg (Schnitteil 6) aus Futterstoff von rechts auf die Mitte des Vorderteils (siehe Abb. H1). Steppen Sie nun von rechts genau entlang der Markierungslinien auf dem Beleg. Anschließend schneiden Sie den Schlitz zwischen den Stepplinien auf, an den Ecken schneiden Sie dabei schräg, in Form eines umgekehrten V (vgl. Abb. H2). Jetzt wenden Sie den Futterbeleg auf die linke Seite und bügeln die Kanten sauber aus. Im nächsten Schritt stecken Sie ein Rollkragen-Schnitteil rechts auf rechts an den Halsausschnitt. Achten Sie darauf, dass die Nahtzugaben der schmalen Kanten an der zukünftigen Verschlusskante überstehen (siehe Hinweispfeil in Abb. H3). Steppen Sie das Kragenteil am Ausschnitt fest. Danach schneiden Sie die Nahtzugaben vorsichtig etwas zurück und abschnittweise etwas ein, weil sie

sich dann besser der Rundung des Halses anpassen (aber nie bis zur Nahtlinie einschneiden!). Bügeln Sie sie auseinander.
Die Nahtzugaben der vorderen Kragenkanten falten Sie nun nach links (gebogener roter Pfeil in Abb. H3) und fixieren die Faltlinie durch Bügeln. Jetzt wird der Reißverschluss eingesteckt und mit dem Reißverschlussfuß von rechts festgesteppt (siehe Abb. H4). Vorsicht: Die Nahtzugabe an der oberen Rollkragenkante muss freibleiben! Der äußere Kragen sitzt jetzt schon fest am Ausschnitt. An das Schnittteil für den inneren Rollkragen stecken Sie nun rechts auf rechts die beiden Teile für den lätzchenförmigen Vorderteilbeleg und steppen sie bis zur Schulterlinie fest. Auch hier werden die Nahtzugaben vorsichtig zurück- und eingeschnitten, wie es Abb. H5 zeigt (man sieht Latz und Kragen hier von links). Der große Beleg ist notwendig, damit man später bei geöffnetem Kragen keine hässlichen Nähte sieht, sondern den gleichen Stoff wie außen.
Legen Sie jetzt den Pulli, rechte Seite nach außen, vor sich hin und stecken Sie das Latz-Kragenteil rechts auf rechts an den Kragen, wie es Abb. H6 zeigt. Steppen Sie die beiden Kragenteile an den oberen Kanten aneinander. Wenden Sie danach Kragen und Latz nach innen, stülpen Sie die Kragenecken sauber aus (ein Löffelstiel hilft) und bügeln Sie die Kragenkante. Anschließend drehen Sie den ganzen Pulli auf links. Die überstehenden Nahtzugaben des inneren Kragenteils und der Latzteile schlagen Sie nach links ein (siehe roten Pfeil in Abb. H7), bügeln Sie etwas ab und nähen Kragen und Latz mit Handstichen an das Reißverschlussband. Auch die Ecken der Latzteile nähen Sie mit einigen Stichen an den Nahtzugaben der Schulternaht fest (blauer Pfeil in Abb. H6), damit sie sich beim Tragen nicht umklappen. Jetzt drehen Sie den Pulli so, dass Sie aufs Rückenteil schauen. Klappen Sie die Nahtzugaben des inneren Kragenteils um und nähen Sie den Kragen mit der Hand an die Nahtzugaben der Ansatznaht, wie in Abb. H8 gezeigt.
Drehen Sie den Pulli wieder auf rechts und probieren Sie ihn vorm Spiegel an. Markieren Sie sich die richtige Ärmel- und Saumlänge mit Stecknadeln. Das geht am besten, wenn Ihnen jemand hilft. Wenn Sie den Pulli wieder ausgezogen haben, schlagen Sie den Ärmelsaum doppelt ein (die Markierung für die richtige Länge muss jetzt also an der Kante sein) und steppen ihn ab, wie in Abb. J gezeigt. Das ist die schnellste Möglichkeit. Wenn Sie sehr verfroren sind, möchten Sie vielleicht lieber ein Ärmelbündchen, das enger anliegt. Auf der Homepage wird erklärt, wie das gearbeitet wird. Den Saum an Vorder- und Rückenteil steppen Sie wie den Ärmelsaum.

Auch zum Kaufen: Fleece und andere Funktionskleidung

Selbst im traditionsbewussten Reitsport hat sich in letzter Zeit die Erkenntnis durchgesetzt, dass mit Wachsmänteln und Steppwesten noch nicht das ganze Spektrum funktioneller Kleidung abgedeckt ist. Funktionskleidung soll vor allem das Körperklima in einem angenehmen Bereich konstant halten, Regen und Wind abweisen, Schweiß aber nach außen leiten. Das Angebot ist hier überwältigend und oft nicht ganz billig – was ist für Reiter sinnvoll? Vernünftige Unterwäsche, die Schwitzfeuchtigkeit nach außen führt, kann so manche Erkältung vermeiden helfen. Eine gute Funktions-Regenjacke nützt Ihnen gar nichts, wenn Sie ein Baumwollunterhemd tragen, dass Ihren Schweiß aufsaugt und zuverlässig über Stunden festhält, was für das bekannte klamme Gefühl sorgt. Die modernen Fasern sind ruckzuck trocken – Sie brauchen also nicht stapelweise neue Wäsche. Sehr praktisch für den Wanderritt! Warme, dicht gestrickte Socken, die für Bergsteiger gemacht wurden, sind im Winter empfehlenswert, denn Reiter frieren vor allem an den Füßen leicht.

Hemden, Westen und Pullis aus Fleece sind sehr leicht, bequem und saugen sich auch im Regen nicht so mit Nässe voll wie Baumwolle, man wird eigentlich nie richtig klatschnass. Es gibt Fleece in verschiedenen Stärken, für jede Jahreszeit und jeden Einsatzzweck. Für Wanderreiter und Leute, die sich intensiv bewegen, ist Fleece fast unverzichtbar. Die Nachteile: Kunstfasern nehmen den Pferdegeruch schneller an, sie sind nicht so robust wie Naturfasern und wer im Haarwechsel beim Putzen einen Fleecepulli trägt, sieht manchmal aus wie ein Igel. Wolle ist im Winter eine recht gute Alternative (leicht, wärmeisolierend, muffelt nicht, lädt sich nicht auf), Baumwolle oder Mischgewebe mit Einschränkungen im Sommer.

Aus dem Gesagten wird klar, dass jeder Reiter selbst für sich herausfinden muss, welche Kleidungsstücke er aus Funktionsstoffen braucht. Persönliche Empfehlungen und Geldspartipps von mir finden Sie auf meiner Homepage.

Da hat die Reiterin gut lachen: Die luftige Bluse ist durch Stoff und Schnitt auch bei großer Hitze angenehm zu tragen. Mücken und sengende Sonne werden abgehalten.

Bluse im Berberstil

Wer eine sonnenempfindliche Haut hat oder auf Mückenstiche heftig reagiert, muss im Sommer Kurzärmeliges meiden. So eine luftige Bluse aus leichtem, naturweißem Baumwollkrepp ist da sehr willkommen. Das Material ist dank der Kreppstruktur unkompliziert zu pflegen: waschen, tropfnass auf die Leine, bügeln unnötig. Es lässt sich auch ausgezeichnet einfärben. Meiden Sie dabei aber Farben, die Mücken anziehen (blau und gelb, alle dunklen Töne).

Der lockere Schnitt passt gut für Kleidergröße 38–46 und steht dünnen wie molligen Frauen. Gerade letztere fühlen sich oft in normal geschnittenen T-Shirts nicht so recht wohl. Zu Pferd wird die Bluse mit einem losen Gürtel getragen, der sie auf die richtige Länge bringt und verhindert, dass hinten Stoff zwischen Sattel und Po rutscht. Ausgezeichnet passt dazu z.B. die Gürteltasche mit Perlen von S. 124 aber auch ein schöner Ledergürtel sieht gut auf dem hellen Stoff aus. Am Boden kann man die Bluse auch lang tragen, das verstärkt den orientalischen Touch noch. Auf S. 124 sehen Sie die Bluse mit Bindebändern im Ausschnitt. Die Bluse ist einfach und schnell zu nähen, da die meisten Nähte gerade sind und komplizierte Details fehlen.

Waschen Sie den Stoff unbedingt, bevor Sie mit dem Nähen beginnen. Wenn Sie auf den Zuschneideplan schauen, finden Sie dort ein Schnitteil für eine aufgesetzte Brusttasche. Da der Stoff so leicht und der Schnitt eher romantisch ist, kann ich eine Tasche eigentlich nicht empfehlen. Für Pollenallergiker ist aber eine Brusttasche fürs Taschentuch sehr angenehm, daher habe ich das Schnitteil angegeben und erkläre das Aufsetzen auf der Homepage

Bitte lesen Sie sich beim Modell »Fleecepulli« auf den Seiten zuvor durch, was ich dort zum Vergrößern des Schemaschnitts, Auflegen und Anzeichnen der Schnittteile und Zuschneiden gesagt habe. Führen Sie die dort beschriebenen Schritte zunächst für die in Abb. A und B gezeigten Schnittteile durch. Einen »Strich« hat Baumwollkrepp natürlich nicht, aber der korrekte Fadenlauf ist sehr wichtig für einen schönen Fall der Bluse. Vorderteil (1), Rückenteil (2) und beide Belege (4 und 5) schneiden Sie je einmal zu, die Ärmel zweimal, wobei ein Ärmel spie-

Sie benötigen:

2,60 m Baumwoll-Crèpe (140 cm breit), leichte Vlieseline (H 180), Nähgarn, Schere, Bleistift oder Schneiderkreide, Lineal, Maßband, Nähmaschine, Bügeleisen, evtl. Baumwollbänder für den Ausschnitt, burda-Rasterpapier, Nähnadel, Nahttrenner.
In den farbigen Abbildungen bezeichnet der graue Farbton die linke Stoffseite, Elfenbein die rechte Stoffseite.

A

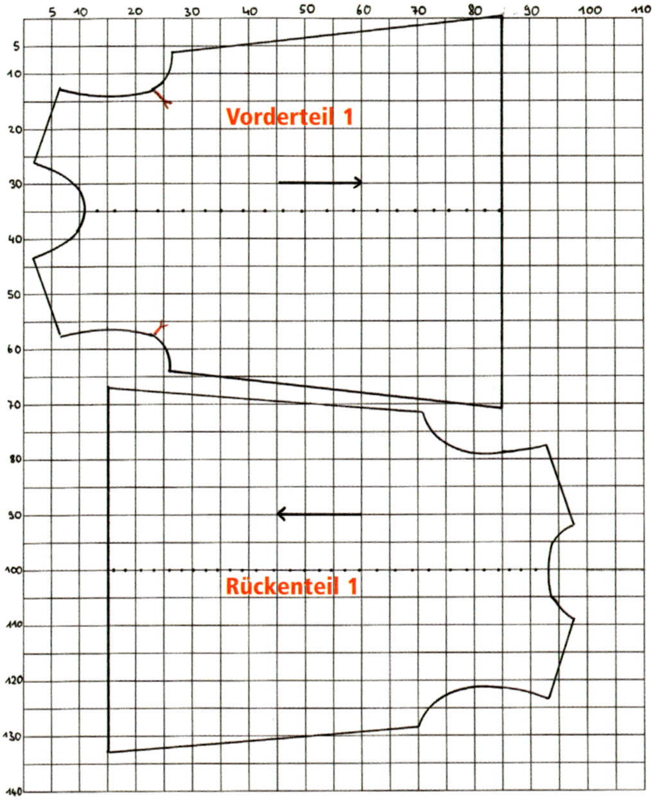

Rasterschnitt – ein Kästchen entspricht 5 cm. Erklärung der Zeichen auf S. 7.

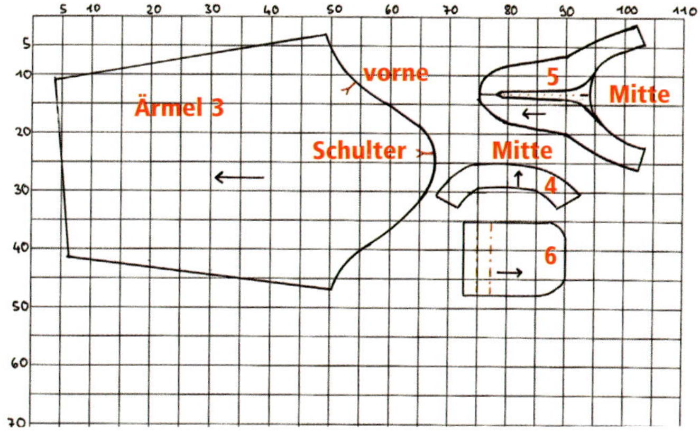

gelverkehrt geschnitten werden muss. Wenn Sie alle Teile aus dem Stoff zugeschnitten und alle Nahtlinien markiert haben, versäubern Sie die geraden Schnittkanten mit Zickzackstich, außer den Kanten, die zu Abschlusssäumen führen. Auf die linke Seite der beiden Belege (4 und 5) bügeln Sie die Vlieseline auf.

C1 C2 C3

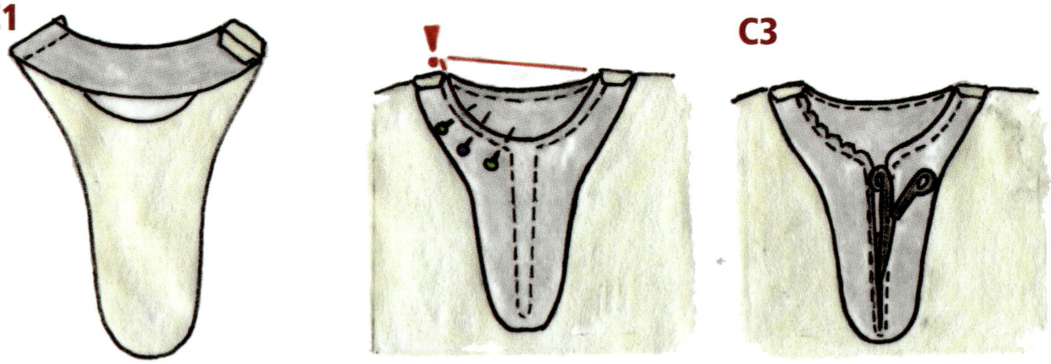

Mit den Belegen wird der Halsausschnitt versäubert.

B

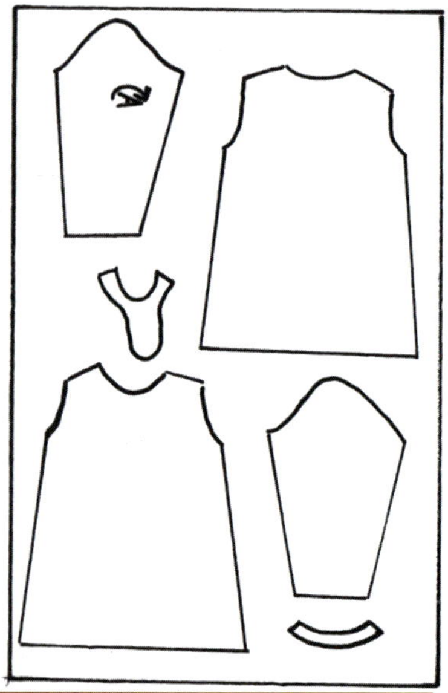

Möglicher Auflageplan

Stecken Sie zunächst das Vorder- und Rückenteil rechts auf rechts zusammen und steppen die Schulternähte (vgl. auch Abb. F auf S. 116). Bügeln Sie die Nahtzugaben auseinander. Danach stecken Sie die Seitennähte ab und steppen Sie mit zum Armloch zusammen. Auch hier bügeln Sie die Nahtzugaben auseinander.
Stecken Sie die Belege für Rücken- und Vorderteil rechts auf rechts aufeinander, steppen Sie sie zusammen und bügeln Sie die Nahtzugaben auseinander (vgl Abb. C1). Jetzt stecken Sie den entstandenen »Belegring« rechts auf rechts an den Halsauschnitt und achten dabei darauf, dass die Schulternähte jeweils übereinstimmen (rotes Zeichen in Abb. C2). Nun steppen Sie mit einer Rundnaht die Belege am Halsausschnitt fest und folgen vorne am Ausschnittbeleg der angezeichneten Stepplinie, wie in Abb. C2 gezeigt. Danach schneiden Sie den Ausschnittschlitz auf und die Nahtzugaben für die Rundung des Halses vorsichtig zurück, wie in Abb. C3 zu sehen ist. Wenn Sie jetzt die Belege nach innen wenden und die Kanten bügeln, ist die Ausschnittkante schön versäubert. Damit der Beleg innen gut liegen bleibt, nähen Sie ihn an den Nahtzugaben der Schulternähte mit einigen Handstichen fest.

Falten Sie die beiden Ärmel so zusammen, dass die linke Seite außen liegt. Stecken und steppen Sie die Ärmelnaht ab und bügeln Sie die Nahtzugaben auseinander (vgl. Abb. D).
Drehen Sie die Bluse auf links und hängen Sie sie auf einen Kleiderbügel so vor sich hin, dass Sie auf den Ausschnitt schauen. Einen der Ärmel drehen Sie auf rechts und schieben ihn durch den Ausschnitt in die Armrundung, wie es Abb. E1 verdeutlicht. Jetzt steckt der Ärmel rechts auf rechts im Armloch. Stecken Sie den Ärmel in den Armausschnitt, wie es Abb. E2 zeigt. Die Är-

D

So wird die Ärmelnaht geschlossen.

E1

So näht man die Ärmel an die Bluse

melnaht muss auf die Seitennaht treffen, die obere Markierung am Arm auf die Schulternaht und die andere Markierung am Arm auf jene am Vorderteil. Wenn die Armkugel etwas weiter ist als das Armloch, verteilen Sie diese Weite beim Stecken gleichmäßig. Falls kleine Fältchen entstehen sollten, sieht man sie bei diesem Material ohnehin nicht. Danach steppen Sie die Ärmel (von der Ärmelseite aus) fest (vgl. Abb. E3). Die Nahtzugaben bügeln Sie anschließend in den Ärmel.

E2

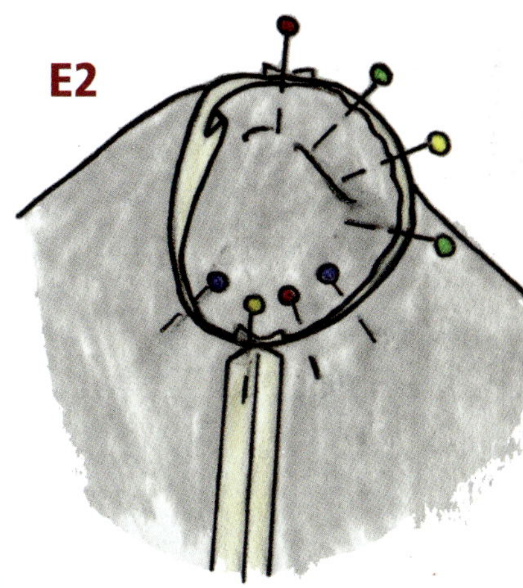

Probieren Sie die Bluse vorm Spiegel an und stecken Sie sich die richtige Ärmel- und Saumlänge ab. Das geht am besten, wenn Ihnen jemand hilft. Wie man Säume steckt und näht, lesen Sie beim Modell »Fleecepulli« nach. Bei Baumwollkrepp verziehen sich die Säume manchmal gern unter dem Nähmaschinenfuß. Da helfen im Nähbedarf erhältliche Fixier-Bügelbänder, die beim ersten Waschen verschwinden. Sie können den Saum aber auch einfach mit unsichtbaren Handstichen (Technik siehe Homepage) festnähen. Wenn Sie Bindebänder am Ausschnitt wünschen, schneiden Sie diese in passender Länge ab und nähen sie in der Mitte des Ausschnitts mit einigen Handstichen an.

E3

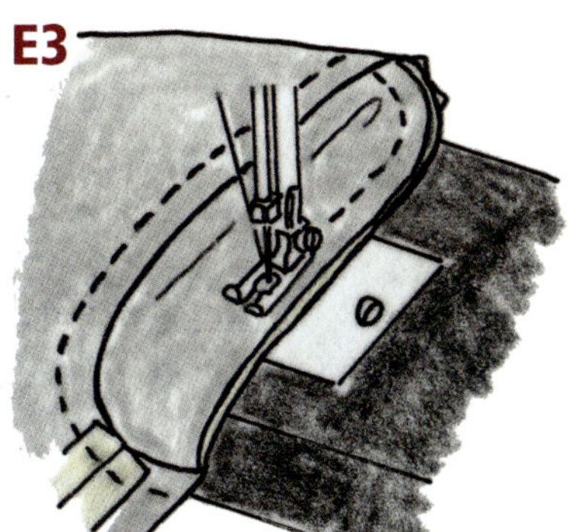

Zwei Freundinnen, zwei Stile, ein Grundprinzip: Julia bevorzugt sehr sportliche Reitmode, Eva mag's gern ein bisschen verspielter. Gürteltaschen finden beide sehr praktisch.

Praktische Gürteltaschen

Im Sommer wird es für Reiter schwierig, die Dinge zu verstauen, die man eigentlich am Leib tragen sollte: Handy, ein paar Münzen, Taschentücher, evtl. die Karte. Am liebsten trägt man jetzt nur T-Shirts oder Tops. Da bieten sich flache, leichte Bauchtaschen oder Geldgürtel an. Im Handel (Reisebedarf u. Outdoorläden) gibt es sie meist in »Tarnfarben«, also khaki oder beige. Wer eine individuelle Gestaltung schätzt, kann sie auch ganz einfach selbst machen. Hier werden Ihnen zwei Grundmodelle vorgestellt, die sich beide vielfältig abwandeln lassen.

Der Gürtel mit Perlen

Unter einem normalen Ledergürtel bekommt man leider bei heißem Wetter rasch einen »Schwitzring« um die Taille. Nicht so bei diesem luftigen Vorschlag, der ausgezeichnet zur Bluse von S.120 passt. Aber auch zu normalen Tops und T-Shirts sieht die naturfarbene Gürteltasche sehr gut aus, wie Sie auf der Homepage sehen können. Sie ist aus preiswertem Material schnell und einfach anzufertigen, Sie müssen nur Zöpfe flechten und häkeln können.

Schneiden Sie vom Jutegarn 12 Stücke von je 2,50 m Länge ab. Je sechs Stücke legen Sie nebeneinander und machen nach 40 cm einen Knoten. Binden Sie beide Knoten nebeneinander an eine Türklinke, das Balkongeländer oder irgendein standfestes Objekt. Beginnen Sie nun an einem Schnurbündel, einen ganz normalen Zopf zu flechten, je zwei Schnüre bilden einen Strang des Zopfes. Ziehen Sie den Zopf beim Flechten schön straff. Nach 5 cm sichern Sie den Zopf mit einer Wäscheklammer und flechten mit dem anderen Bündel ebenfalls 5 cm. Von jedem Zopf nehmen Sie nun eine Schnur und fädeln Sie durch die Perle, wie es Abb. A zeigt. Ziehen Sie beide Schnüre gut an und vereinigen Sie sie mit den Schnüren auf der neuen Seite. Flechten Sie auf beiden Seiten die Zöpfe 5 cm weiter und fädeln Sie wieder eine Perle auf. So machen Sie immer weiter, die Perlen dienen sozusagen als Abstandshalter. Sie sparen sich das ständige Messen, wenn Sie darauf achten, wie viele Flechtschläge an einer Seite innerhalb von 5 cm entstehen. Bei 2,5 mm starkem Garn sind das etwa 6. An der Stelle, wo die Tasche später angenäht wird, lassen Sie zwei Perlen aus und flechten einfach weiter, sodass zwischen zwei Perlen 15 cm liegen. Platzieren Sie diese Lücke so, dass später die Tasche seitlich vorn zu liegen kommt. Die endgültige Länge des Gürtels richtet sich nach Ihrer Taillen- bzw. Hüftweite. Machen Sie auf beiden Seiten einen Knoten und lassen Sie die Schnüre etwa 25 cm lang hängen. Für eine Tasche von 11,5 cm Breite beginnen Sie mit einer Reihe von 14 Luftmaschen und häkeln dann einfach mit festen Maschen weiter, bis Sie ein Stück von 23 cm Länge haben. Für die Taschenklappe beginnen Sie jetzt gleichmäßig abzunehmen: Am Anfang der Reihe übergehen Sie die erste Masche und stechen erst in die nächste ein, am Ende der Reihe stechen Sie in die zweitletzte Masche ein, holen den Faden durch, stechen in die letzte Masche ein und holen wieder den Faden durch. Jetzt haben Sie drei Schlingen auf der Nadeln. Schlagen Sie den Faden um die Nadel und ziehen Sie ihn durch alle drei Schlingen. Durch die Abnahmen formt sich eine spitz zulaufende Klappe. Ziehen Sie den Faden durch die letzte Masche und häkeln Sie mit ihm eine kurze Luftmaschenreihe für die Verschlussöse. Die Luftmaschenreihe formen Sie zu einer ovalen Schlinge, durch die knapp eine senkrecht gestellte Perle passen würde und häkeln oder nähen die Öse gut fest. Jetzt wird die Tasche an den Gürtel genäht. Dazu legen Sie sie probeweise zusammen und markieren mit Stecknadeln die Umschlaglinien für Vorderseite und Taschenklappe. Falten Sie sie wieder auseinander und legen Sie den Abschnitt des Gürtels, den Sie von Perlen freigehalten haben, so auf die innere Rückseite der Tasche, wie es Abb. B zeigt. Nähen Sie beide Zöpfe dort fest. Dann klappen Sie die Vorderseite hoch und schließen die Seitennähte. Bei allen Näharbeiten verwenden Sie das gleiche Jutegarn, aus dem Sie auch Gürtel und Tasche angefertigt haben. Legen Sie die Taschenklappe um und markieren Sie, wo die Perle angenäht werden muss, die als Verschluss dient (vgl. Abb. C). Dort nähen Sie eine Perle senkrecht »mit Stiel« an, damit die Verschlussöse später auch Platz unter der Perle hat und sich nicht ständig löst. Dazu legen Sie beim Annähen zunächst einen schlanken Stift, eine dicke Stricknadel oder ähnliches zwischen Perle und Tasche. Wenn Sie den Stift herausziehen, sind die Fäden lang genug gespannt und werden dicht mit dem Nähfaden umwickelt, bevor Sie ihn verstechen (vgl. Abb. C). Zum Schluss arbeiten Sie noch zwei kleine Quasten mit runden Perlen an die Ecken der Tasche, wie Sie es bei Abb. D sehen. Dazu halten Sie zwei Finger an die betreffende Ecke, umnähen diese drei- viermal mit dem Faden und nehmen schließlich die Perle auf. Jetzt ziehen Sie die Finger aus den entstandenen Schlingen heraus und umwickeln die Schlingen sehr

Sie benötigen:

Eine Rolle Jutegarn (2,5 mm), etwa 20 ovale Makramee-Holzperlen (20 x 13 mm) mit großer Öffnung, 2 runde Perlen (ca. 15 mm Durchmesser) in der gleichen Farbe, Wäscheklammern, Schere, Maßband, Häkelnadel Nr. 6, große Stopfnadel oder Wollnadel mit weitem Öhr, Stecknadeln

A

Von jedem Zopf wird ein Faden durch die Perle geführt und auf der anderen Seite mit eingeflochten.

B

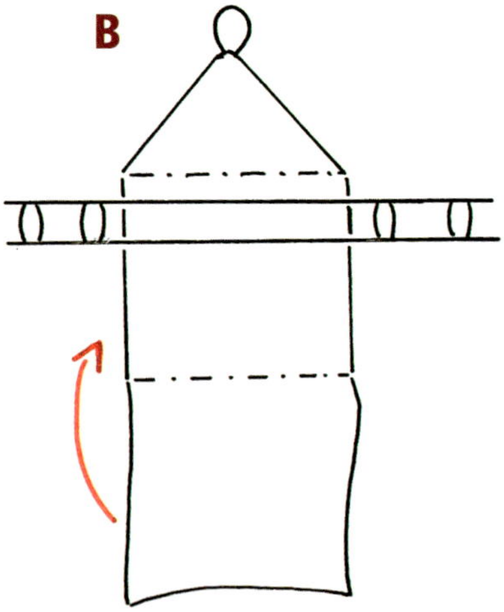

Die beiden Zöpfe werden an die innere Rückwand der Tasche genäht.

C

Wenn die Verschlussperle mit »Stiel« angenäht wird, lässt sich die Tasche gut schließen.

straff unterhalb der Perle mit dem Nähfaden, wobei Sie einige Sicherungsstiche in das Gewebe der Tasche machen. Wenn Sie jetzt die Schlingen unten aufschneiden, haben Sie eine kleine Quaste.

Variationen:
Nach dem Grundprinzip, ovale Perlen als Abstandshalter zu verwenden, können Sie diesen Gürtel mit Tasche vielfältig abwandeln. In Perlenläden gibt es schöne Knochen- und Hornperlen in der richtigen Größe und Form, die mit feinerem Jutegarn (oder schlicht mit naturfarbener Kordel) sehr gut zu kombinieren sind. Oxidierte Silberperlen aus Bali passen sehr gut zu schmalen Lederschnüren. Durch das edlere Material entstehen bei diesen Variationen natürlich deutlich höhere Kosten. Beachten Sie bitte hierzu auch die Homepage.

Halten Sie sich den Rücken frei
Erliegen Sie nicht der Versuchung, eine Gürteltasche mit harten Gegenständen wie Taschenmesser, Schlüsselbund oder Handy auf dem Rücken zu tragen. Wirbelsäule und Beckenknochen können nicht nachgeben und erleiden im Falle eines Sturzes vielleicht schlimme Verletzungen durch das Metall. Karten, Taschentücher und flache Geldbeutel kann man natürlich in einer Rückentasche transportieren.

Die kleine Tasche nimmt Handy, Taschentuch und Schlüssel auf.

Die genähte Gürteltasche

Diese Tasche erhält Pfiff durch den betont sportlichen Reißverschluss und die kleine Applikation in der Ecke. Solche Aufbügel-Motive gibt es in vielfältigen Varianten im Stoffgeschäft.

Schneiden Sie aus dem Stoff ein Stück von 28 x 23 cm zu und markieren Sie ringsherum 1,5 cm Nahtzugabe mit Schneiderkreide. Versäubern Sie alle Kanten mit Zickzackstich. Bügeln Sie die Applikation auf die gewünschte Stelle. Nun stecken Sie den Reißverschluss rechts auf rechts auf eine Kante des künftigen Tascheneingriffs, steppen ihn mit dem Reißverschlussfuß fest und bügeln von rechts die Naht flach. An der anderen Seite bügeln Sie die Nahtzugabe nach links. Stecken Sie jetzt von rechts die andere Kante auf die noch freie Seite des Reißverschlusses und steppen Sie auch diese fest. Dazu müssen Sie wahrscheinlich einmal absetzen und die Naht von der anderen Seite vervollständigen. An den beiden Schmalseiten bügeln Sie die Nahtzugaben nach innen und stecken Sie mit ein bis zwei Stecknadeln fest.
Schneiden Sie vom Gurtband so viel ab, wie Sie für Ihre Taillen- bzw. Bundweite benötigen + 3,5 cm Umschlag für die Schnalle + 20 cm Reserve (falls mal ein dicker Pulli getragen wird). Die Enden des Gurtbands versiegeln Sie mit dem Feuerzeug. Ein Ende fädeln Sie durch die Hülse des Steckverschlusses, klappen es 3 cm um und nähen es gründlich fest. Führen Sie nun das noch freie Ende des Gurtbands durch die Tasche, stecken Sie die Seitennähte ab und positionieren Sie dabei das Gurtband so, wie es Abb. E zeigt. Dadurch, dass das Gurtband nicht ganz oben an der Tasche sitzt, »wippt« die Tasche später nicht, sondern liegt gut an. Jetzt steppen Sie von rechts beide Seitennähte knappkantig mehrfach ab. Das Gurtband wird dabei mitgefasst. Zum Schluss fädeln Sie noch das freie Gurtbandende in den Clip des Steckverschlusses und stellen die Weite passend ein.
Varianten: Auch die genähte Tasche können Sie beliebig abwandeln und so an Ihren individuellen Stil anpassen. Mit Farben, Textilmalstiften oder Stickereien lassen sich persönliche Akzente setzen.

Sie benötigen:

etwa 25 cm Jeans- oder anderen Stoff (Breite beliebig), 1,20 m Gurtband (25 mm breit), eine Steckschnalle aus Plastik (25 mm breit), einen robusten Reißverschluss (18 cm lang) mit sportlichem Zipper, ein Aufbügelmotiv (falls gewünscht), Nähgarn, Schere, Stecknadeln, Nähmaschine mit Jeansnadel, Bügeleisen, Maßband, Lineal, Schneiderkreide oder Bleistift (bzw. heller Buntstift), Feuerzeug

Die genähte Tasche von vorne. Alle Angaben sind in Zentimetern.

E

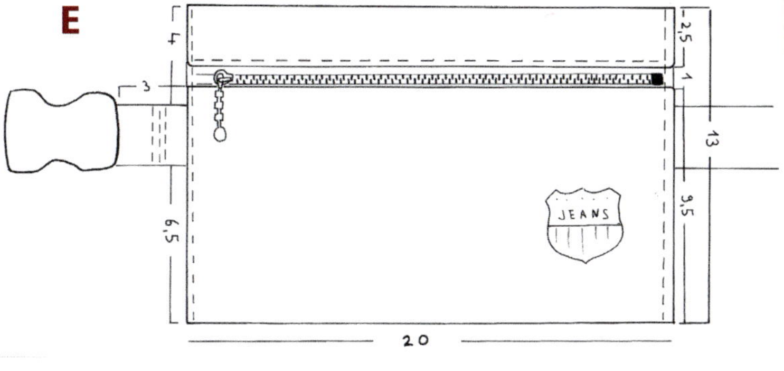

Hose für Wanderreiter

Daniela bestreitet Distanzritte, TREC-Meisterschaften und Wanderritte. Da müssen die Hosen einiges aushalten und dürfen nicht reiben. Dieses Modell hat keine Innennähte, eine gut zugängliche Tasche am Bein und Hosensäume, die über robuste Schuhe drüberpassen.

Immer wieder einmal wird in den Internetforen des VFD oder ähnlichen Plattformen diskutiert, was eigentlich die beste Hose für einen Langstreckenritt sei. Diese Frage wird sehr unterschiedlich beantwortet, einig ist man sich allerdings über die Anforderungen: Sie soll gut sitzen, robust sein und nach Möglichkeit keine Innennaht aufweisen. Auch den Wunsch nach einer gut zugänglichen Tasche an der Hose, ähnlich wie bei modernen Wanderhosen, vernimmt man immer wieder. Die Eingriffstaschen an normalen Reithosen sind so winzig, dass sich der Inhalt unangenehm ins Fleisch gräbt. Das hier vorgestellte Modell kann eine Lösung darstellen: Der Schnitt wird von einer alten Hose abgenommen, die Ihnen sehr gut passt. In der Regel hebt man solche gut sitzenden Hosen für grobe Arbeiten und zum Streichen auf, bis sie wirklich nur noch der gute Wille zusammenhält. Als Stoff wurde elastischer Jeansstoff gewählt, er ist recht robust, bequem und unempfindlich gegen Schmutz. Die Tasche mit Klettverschluss habe ich auf den Oberschenkel platziert. Beim Reiten stört sie dort nicht und ist gut zugänglich. Sie können sie nach Wunsch natürlich auch weglassen, größer machen (z.B. für eine Karte) oder gleich zwei Taschen aufsetzen. An diese körpernahe Hose sollte sich nur wagen, wer schon einige Näherfahrung mitbringt. Wenn Sie sich das Nähen nicht zutrauen, aber gerne eine maßgeschneiderte Hose hätten: Im Anhang finden Sie die Adresse einer kleinen Firma, die jede Reithose in allen Formen und Farben nach Wunsch und individuellen Maßen näht.

Waschen und bügeln Sie den neuen Stoff. Ziehen Sie Ihre alte Hose zunächst vor dem Spiegel an und markieren Sie mit Schneiderkreide die Stelle auf dem Oberschenkel, an der die aufgesetzte Tasche sitzen soll. Dann müssen Sie Ihre alte Hose zerschneiden, damit Sie ein passgenaues Schnittmuster erhalten. Dabei schneiden Sie an den in Abb. A rot markierten Nähten entlang: Bundlinie (1), Außen-Beinnaht (2), Schrittnaht (3) und Sattelnaht (4). Auch die Taschen (5), die Gürtelschlaufen und den Beleg des Reißverschlusses schneiden Sie heraus. Die Innen-Beinnähte lassen Sie unangetastet. Abb. B zeigt Ihnen, welche Schnittteile Sie erhalten: 2 Hosenbeinteile (von denen nur eines als Muster genommen wird, Nr.1), Sattelteil (2), Hosenbund (3), Taschenbeutel (4), Schlitzbeleg (5), Gürtelschlaufen (6).
Mindestens das Hosenbein sollten Sie noch einmal auf Pack- oder Seidenpapier umzeichnen und dabei die in Abb. C rot gezeichneten Korrekturen anbringen. Vor allem bei der Führung der Schrittnaht müssen Sie aufpassen. Sie wird bei viel getrage-

nen Hosen, die sich nach und nach ausbeulen, ziemlich eckig. Ergänzen müssen Sie noch den Untertritt (Wäscheschutz) für den Reißverschluss (7) und die Teile für die aufgesetzte Tasche (8). Für die Taschenklappe (8b) brauchen Sie ein Stück von 9 x 12 cm, für die Tasche selbst (8a) ein Stück von 16 x 21 cm. Beim Taschenbeutel wird das grün umrissene Teil aus Taschenfutterstoff zugeschnitten, das rot konturierte aus Jeansstoff. Die ganz kleine Münzentasche sollten Sie weglassen, man benutzt sie ohnehin nicht.

Für den Zuschnitt falten Sie den Stoff so, dass die beiden gegenüberliegenden Webkanten aufeinander liegen und die rechte Stoffseite innen ist. Abb. D zeigt, wie Sie die Schnittteile auf dem längs gefalteten Stoff verteilen. Achten Sie auf den Fadenlauf und geben Sie überall 1,5 cm Nahtzugabe zu, nur an den Hosensäumen 4 cm. Schneiden Sie alle Teile zu.

Als erstes wird die Sattelpasse genäht: Stecken und steppen Sie die beiden Sattelteile jeweils an die obere Kante der Hinterhose. Bügeln Sie danach die Nahtzugaben nach oben, versäubern Sie beide zusammen und steppen Sie sie von rechts ab. Dann arbeiten Sie die Hüftpassentaschen. Dafür wird zunächst der Jeans-

Sie benötigen:

Etwa 2 m elastischen Jeansstoff oder anderen elastischen Stoff (der Stoffverbrauch richtet sich nach der Körpergröße, für Gr. 36–42 reichen 2 m gut aus), Jeansreißverschluss (18 cm), Hosenhaken von »Prym« Nr. 265811 zum Einschlagen, ca. 30 cm Taschenfutterstoff, Nähgarn, 6 cm Klettband, evtl. 1 m Bundgummi, Nähmaschine mit Jeansnadel, Bügeleisen, Schere, Stecknadeln, Schneiderkreide, Seiden- oder Packpapier für den Schnitt, Bleistift

A

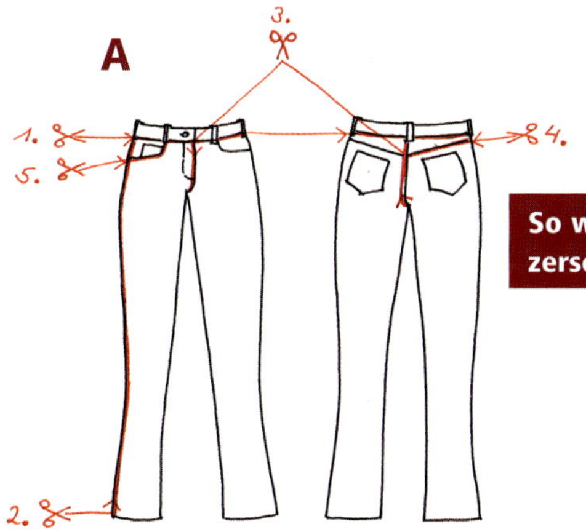

So wird die alte Hose zerschnitten.

B

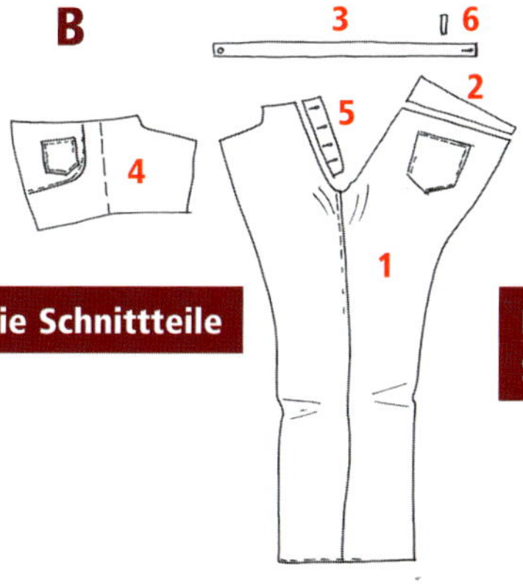

Die Schnittteile

C

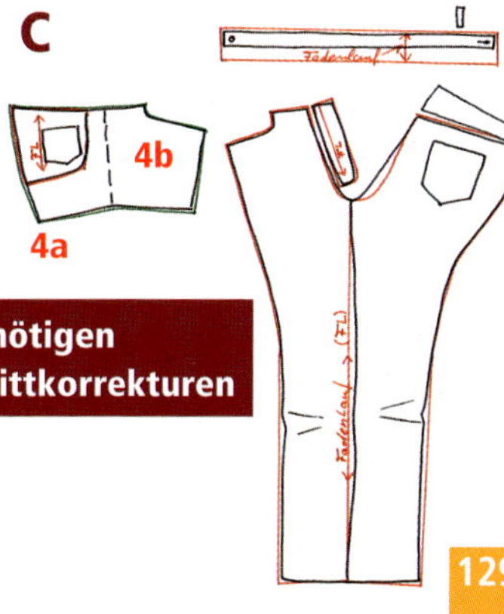

Die nötigen Schnittkorrekturen

D

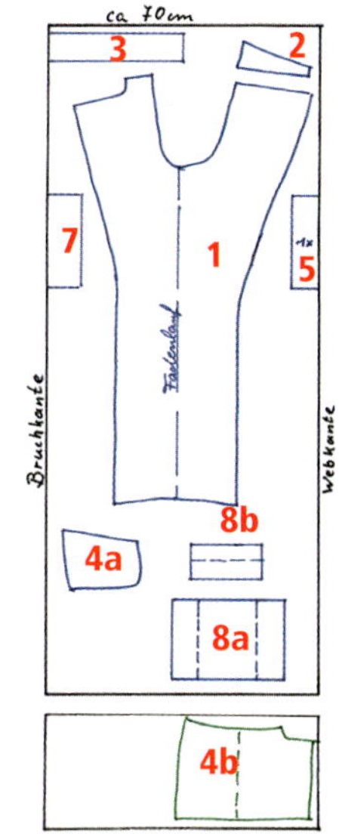

Der Schnittauflageplan

E1

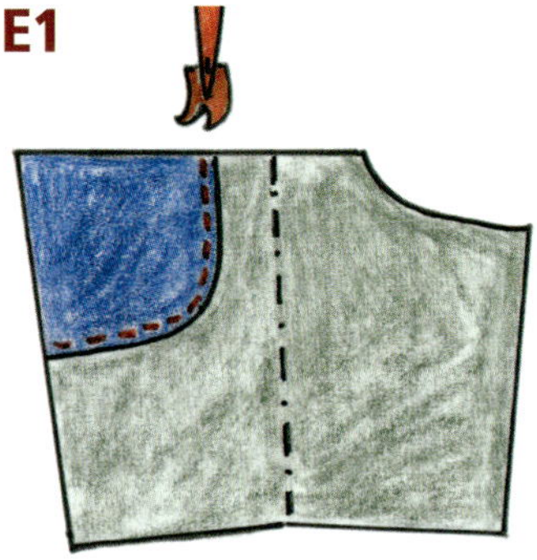

E2

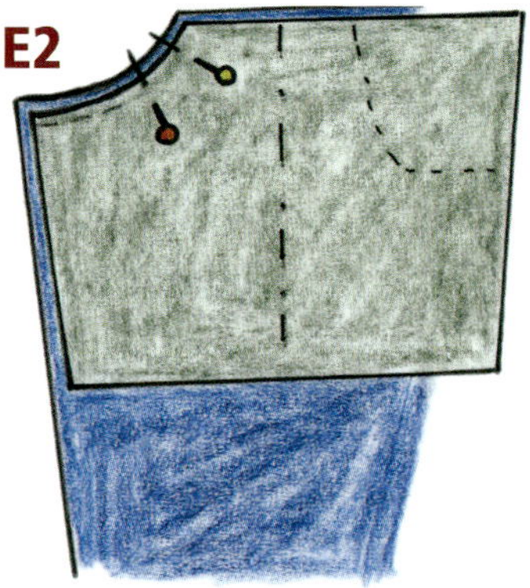

E3

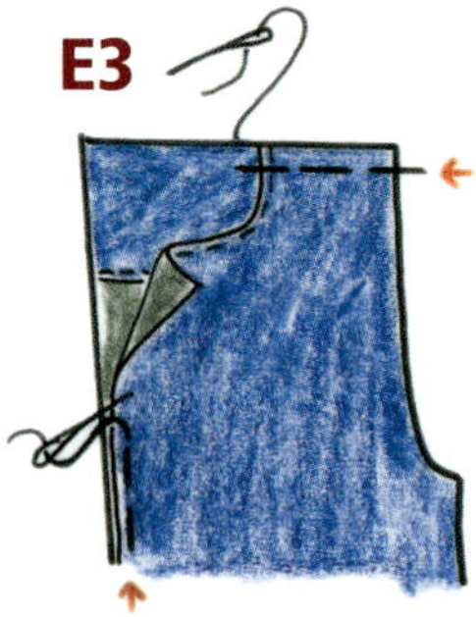

Tascheneingriff-Beleg (Schnittteil 4 A) mit Zickzackstich versäubert und auf den Taschenbeutel aus Taschenfutter aufgesteppt, wie es Abb. E1 zeigt. Dann stecken Sie den Taschenbeutel mit der gerundeten Schnittkante rechts auf rechts an den Tascheneingriff und steppen ihn fest (Abb. E2). Wenden Sie ihn nach innen, bügeln Sie die Kante sauber ab und steppen Sie sie noch einmal schmal von rechts ab. Jetzt falten Sie den Taschenbeutel an der Faltlinie um und stecken ihn so fest, dass man von rechts nur den Beleg aus Jeansstoff im Tascheneingriff sieht. Stecken Sie die Taschenbeutel aufeinander und schließen Sie die Nähte. Danach arbeiten Sie eine Heftnaht an der Taillenkante und der Seitennaht (vgl. Abb. E3).

Die aufgesetzte Tasche wird gearbeitet wie die Blasebalgtaschen beim Utensilo auf S. 101, nur die Faltentiefe ist hier geringer. Beim Taschenteil 8a falten Sie ringsum 1 cm Nahtzugabe ein (nur an der Oberkante 2 cm) und steppen sie fest. Dann bügeln Sie die Seitenfalten ein, wie auf S. 101 erklärt. Achtung: Auf jeder Seite stehen dafür nur 2 cm zur Verfügung, weil die Tasche am Hosenbein nicht abstehen soll. Von vorne gesehen soll die Tasche am Ende 10 cm breit und 18 cm lang sein. Für die Taschenklappe schlagen Sie bei Teil 8b ringsum 1 cm Nahtzugabe ein und steppen sie fest. Dann nähen Sie das raue Klettband auf die linke Seite der Klappe an die untere Kante. Nun legen Sie Tasche und Klappe aufeinander und markieren mit Stecknadeln, wo das weiche Klettband an der Tasche sitzen muss. Nähen Sie es auf. Jetzt steppen Sie die Tasche zunächst mit den Seitenkanten auf und nähen dann die Unterkante ab. Anschließend nähen Sie die Klappe mit der Oberkante aufs

F1

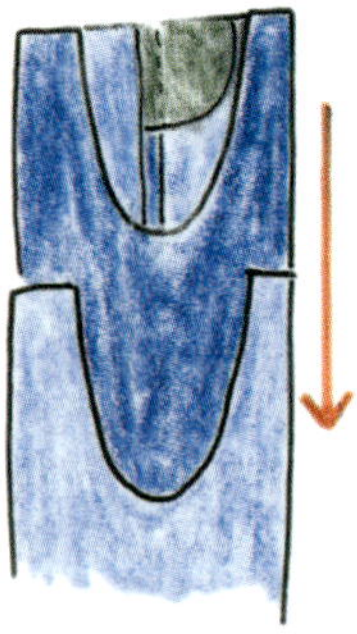

F2

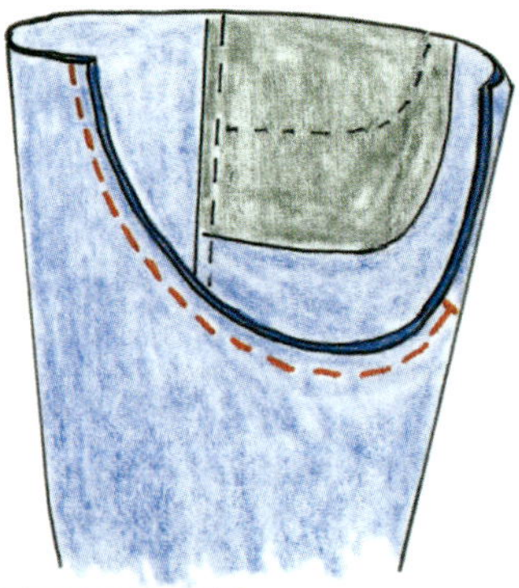

Die Schrittnaht

G1 G2 G3

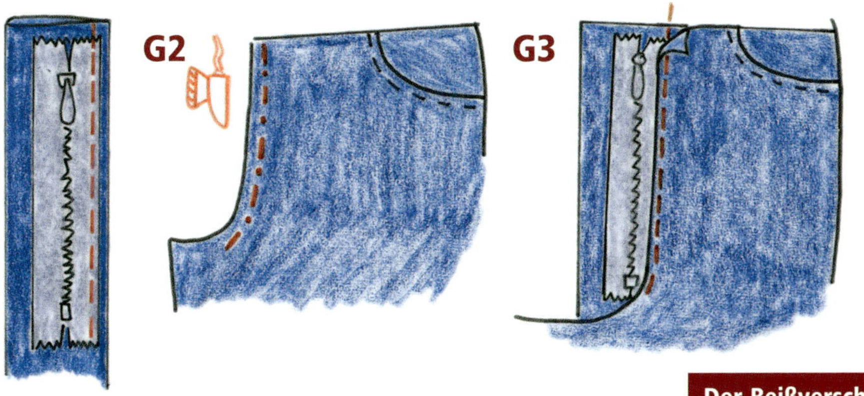

Der Reißverschluss mit Untertritt.

Hosenbein. Denken Sie bei allen Taschennähten an sorgfältige Verriegelung!
Für die Seitennähte legen Sie die beiden Hosenbeine rechts auf rechts, stecken und steppen die Außennaht. Die Nahtzugaben werden nach hinten gebügelt und zusammen versäubert.
Um die Schrittnaht arbeiten zu können, ziehen Sie die Hosenbeine rechts auf rechts ineinander (vgl. Abb. F1). Stecken und steppen Sie die Schritt- und Gesäßnaht bis zum Anfang des Reißverschlusses (vgl. Abb. F2). Probieren Sie die Hose an. Wenn Sie zufrieden sind, versäubern Sie die Nahtzugaben zusammen und bügeln sie zum rechten Hosenbein.

Der Hosenreißverschluss wird mit einem so genannten »Untertritt« gearbeitet, der die Wäsche vor den Reißverschlusszähnchen schützt. Den Stoffstreifen für den Untertritt schneiden Sie 10 cm breit und 7 cm länger als den Reißverschluss im Fadenlauf zu. Falten und bügeln Sie ihn in Längsrichtung zur Hälfte (die rechte Seite ist außen) und nähen Sie ihn zusammen. An die Seite mit der Naht steppen Sie nun mit dem Reißverschlussfuß die eine Seite des Reißverschlusses auf, wie Abb. G1 es zeigt. Am

G4 G5 G6 G7

linken Vorderteil der Hose bügeln Sie die Nahtzugabe nach innen (vgl. Abb. G2). Jetzt legen und stecken Sie den Untertritt so unter diese umgebügelte Vorderkante, dass die Kante dicht am Reißverschluss zu liegen kommt (vgl. Abb. G3). Anschließend steppen Sie mit dem Reißverschlussfuß die Vorderkante schmalkantig auf den Untertritt, bis zum Ende des Reißverschlusses. Von links runden Sie das Ende des Untertritts viertelkreisförmig zur Unterkante hin ab und versäubern alle Kanten zusammen. An das rechte Vorderteil stecken Sie rechts auf rechts den Schlitzbeleg und steppen ihn fest, wie Abb. G4 es zeigt. Jetzt bügeln Sie den Beleg nach vorne und steppen, wie Sie in Abb. G5 sehen können, ganz schmal neben der Naht durch alle Nahtzugaben durch. Anschließend wird der Beleg nach innen geklappt, die Kante abgebügelt und von rechts abgesteppt (Vgl. Abb. G6). In Abb. G7 sehen Sie die letzten Arbeitsschritte zum Reißverschluss: Die rechte Vorderkante stecken Sie so auf der linken Vorderkante fest, dass der Reißverschluss samt seiner Befestigungsnaht abgedeckt ist. Jetzt nähen Sie von innen das zweite Reißverschlussband nur am Beleg fest. Von außen arbeiten Sie eine doppelte Steppnaht durch den Beleg, die Sie am unteren Ende in einer Rundung zur Schrittnaht hin auslaufen lassen (rot gezeichnete Doppelnaht in Abb. G7). Achten Sie dabei darauf, dass Sie nicht aus Versehen den Untertritt mitnähen. Innen nähen Sie die offenen Enden von Beleg und Untertritt aufeinander, schneiden sie bei Bedarf etwas zurück und versäubern sie zusammen. Von außen bringen Sie unterhalb des Reißverschlusses quer durch alle Stofflagen eine Verriegelung mit einer kurzen Knopflochnaht an (rote Zickzacklinie in Abb. G7). Ab dem Reißverschlussende steppen Sie die Schrittnaht von außen mit einer Doppelnaht durch alle Nahtzugaben ab (in Abb. G7 violett gezeichnet).

H1

So werden die Gürtelschlaufen angenäht.

Am Bund benötigen Sie mindestens 5 Gürtelschlaufen. Dafür schneiden Sie einen langen, 3 cm breiten Stoffstreifen zu und versäubern eine Kante mit dem Zickzackstich. Die unversäuberte Längskante bügeln Sie zu einem Drittel auf die linke Seite um. Nun bügeln Sie die versäuberte Kante so um, dass sie knapp vor der anderen Bügelkante zu liegen kommt. Jetzt steppen Sie von rechts beide Längsseiten schmalkantig ab. Von dem entstandenen Band schneiden Sie Stücke von 8 cm Länge ab. Diese nähen Sie rechts auf rechts an die obere Hosenkante an (vgl. Abb. H1) und orientieren sich bei der Verteilung an einer fertigen Hose. Anschließend wird der Bundstreifen rechts auf rechts an die obere Hosenkante gesteckt und festgenäht (Nahtzugabe beachten). Bügeln Sie die Naht sauber aus und damit die Nahtzugabe

H2

nach innen. Auch die zweite Nahtzugabe und die an den beiden Enden des Bundstreifens bügeln Sie jetzt nach innen, falten anschließend den Bund auf Originalbreite um und bügeln die Falte sauber ab. Wenn Sie möchten, können Sie jetzt noch ein Gummiband (in Bundbreite und -länge) einlegen und unsichtbar festnähen. Es ist nicht unbedingt nötig, verbessert aber Sitz und Halt der Hose, vor allem, wenn Sie nicht viel Taille haben.
Steppen Sie von rechts die Ansatznaht des Bundes ab und fassen Sie dabei die nach innen gebügelte Bundinnenseite mit. Die Oberkante und die schmalen Vorderkanten werden mit einer Jeansdoppelnaht abgesteppt. Damit die Gürtelschlaufen fest sitzen, werden sie nun einzeln nochmals festgenäht, und zwar einen Nähfuß unterhalb des Bundansatzes (vgl. Abb. H2, linke Hälfte). Achten Sie darauf, sorgfältig zu verriegeln! Danach kippen und bügeln Sie die Gürtelschlaufen nach oben, schlagen die obere Kante so um, dass sie mit der oberen Bundkante sauber abschließt und nähen sie sorgfältig fest (vgl. Abb. H2, rechte Hälfte). Schlagen Sie den Spezialverschluss an der vorgesehenen Stelle ein.
Überprüfen Sie sorgfältig die Länge der Hosenbeine und stecken Sie den Saum ab. Bügeln Sie ihn doppelt um und steppen Sie ihn von rechts ab, am besten mit einer Jeansdoppelnaht.

Alle Abbildungen zu diesem Modell wurden von der Modedesignerin Mechthild Puschmann (die Mutter von Model Daniela) gezeichnet. Sie hat auch die Arbeitsanleitung geprüft und überarbeitet.

Pro und Contra Lederbesatz

Manche Reiter haben gerne Besätze aus Leder oder Ledererersatz, andere nicht. Vor allem Distanzreiter und andere Langstreckenreiter verzichten oft bewusst darauf, weil sich die Reibung zwischen Sattel und Hose mit einem Besatz nach innen verlagert – zwischen Haut und Hose. Wunde Stellen sind die Folge. Zudem benötigt man oft – anders als beim Dressurreiten oder Springen – gar keine extreme Haftung. Im Gegenteil, auf einem Wanderritt läuft man oft längere Strecken mit dem Pferd und findet dann eine Hose ohne Besatz angenehmer, vor allem wenn es heiß ist. Werden Besätze im Regen nass, brauchen sie lange zum Trocknen und sind dann klamm auf der Haut. Die Befürworter von Besätzen schätzen dagegen die Haftung und Sicherheit, die ein guter Besatz an steilen Bergstrecken vermittelt. Sie finden im Anhang die Adresse einer Firma, die Besätze jeder Art auf Ihre Hose näht, wenn Sie das wünschen. Wer einen guterhaltenen Besatz einer sonst verschlissenen Reithose auf die Hose nähen möchte, sollte dies vor dem Schließen der Außennähte tun – man kommt sonst nicht mehr an die betreffenden Stellen dran.

Das Cape hüllt den Reiter bei unfreundlichem Wetter schützend ein.

Romantischer Reitmantel

In Frühjahr und Herbst haben wir in unseren Breiten häufig ein Wetter, bei dem man als Reiter nicht so recht weiß, wie man sich anziehen soll. Für die Thermohosen ist es eindeutig zu warm, trotzdem kriegt man auf dem Ausritt allmählich »Eisbeine« und die Füße werden ganz gefühllos. Lange Unterhosen engen häufig ein, unter Regenmänteln schwitzt man leicht. Schaut man sich nun die Entwicklung der Kleidung über die Jahrhunderte an, fällt auf, dass capeförmige Mäntel bzw. Ponchos sich zu allen Zeiten erfolgreich behauptet haben. Das liegt wohl daran, dass diese Grundform viele Vorteile in sich vereint: Ein Cape hüllt seinen Träger wie kein anderes Kleidungsstück schützend ein, es vermittelt Geborgenheit und kuscheliges Wohlbehagen. Durch die Umhüllung des ganzen Körpers bildet sich ein angenehmes Wärmepolster. Capes und Ponchos sind sehr vielseitig, was vor allem für Wanderreiter sehr wichtig ist: Sie können als Zudecke oder Schlafunterlage dienen, man kann sie als Pferdedecke verwenden oder sich einen Sonnen- bzw. Windschutz damit bauen. Die aus Spanien stammenden handgewebten Wollponchos in Erdfarben sind sehr schwer und warm. Mein Modell ist eine leichtere, elegantere Version mit einer Pelerine, die den Kutschermänteln abgeschaut ist. Es ist ganz schnell und einfach zu nähen.

Zum Stoff: In Frage kommt ein Fleecestoff mittlerer Stärke und von gutem Fall. Fleece ist preiswert, leicht, pflegeleicht und hält etwas Regen ohne weiteres ab. Loden ist ein sehr edles Material, das natürlich deutlich teurer wird. Der Mantel wird aus Loden schwerer, aber auch viel haltbarer. Die verdichteten Wollfasern sind unglaublich robust. Brombeerranken, Funken vom Lagerfeuer oder auch kräftigere Regenschauer machen dem Stoff kaum etwas aus. Ein Lodenmantel ist ein Stück fürs Leben. Beiden Stoffen ist gemeinsam, dass man sie für so ein Modell nicht säumen muss.

Da die Schnittform so einfach ist und Sie mit einer gewissen Stofffülle zu tun haben, ist es unsinnig, zuerst einen Papierschnitt anzufertigen. Zeichnen Sie stattdessen alle Markierungen nach Abb. A direkt auf den Stoff, und zwar auf die linke Seite. Das geht am einfachsten, wenn Sie zuerst ein Stück von 2,50 m abschneiden und rechts auf rechts in der Hälfte falten, sodass die künftige Schulterlinie oben ist. Markieren Sie hier und an der Pelerine stets als erstes die Mittellinie, dann die anderen Linien. Achtung: Am Halsausschnitt und rund um die beiden Stehkragenteile markieren Sie noch 1 cm Nahtzugabe. Sonst gibt es keine Nahtzugaben! Schneiden Sie Mantel und Pelerine einmal, das Kragenteil zweimal zu. Danach versäubern Sie alle Kanten mit Zickzackstich.

Die beiden Kragenteile stecken Sie rechts auf rechts aufeinander und steppen sie an den beiden Schmalseiten und einer Längsseite zusammen. Stülpen Sie den Kragen um und bügeln Sie die Kanten etwas flach. Legen Sie die Pelerine links auf rechts (also so, wie sie später auch auf dem Mantel liegt) auf das Cape und stecken Sie sie im Halsloch fest. Das geht am besten, wenn Sie

Sie benötigen:

3,50 m Stoff (nähere Angaben unten) 150 cm breit, ein Stückchen Filz, 8 Knebelknöpfe, 1m Baumwollkordel, Sticktwist, Nähgarn Lineal, Maßband, Schneiderkreide, Schere, Stecknadeln, Nähnadel, Nähmaschine, Bügeleisen

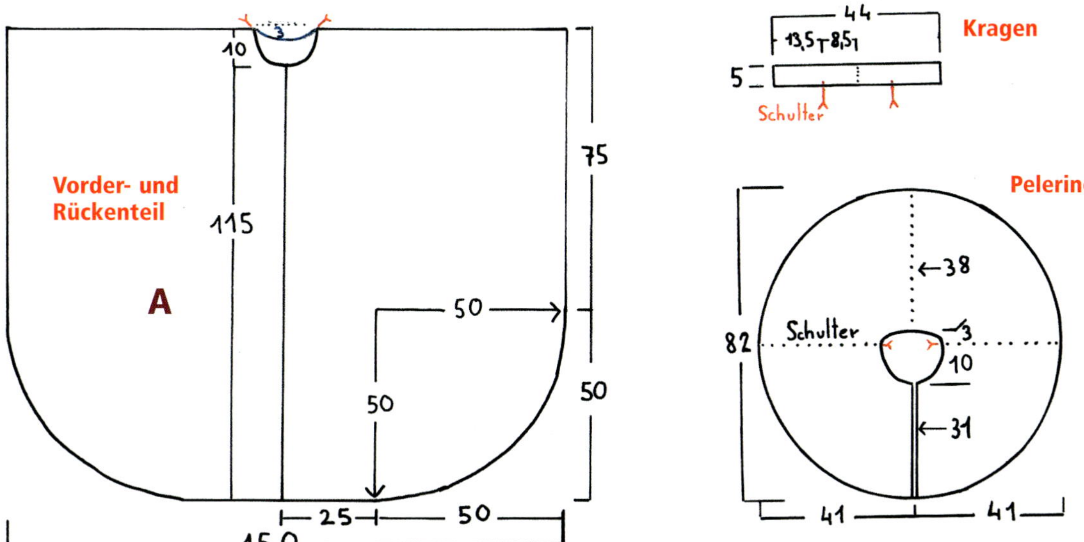

Schnittschema
Alle Angaben in Zentimetern. Erklärung der Zeichen auf S. 7.

B

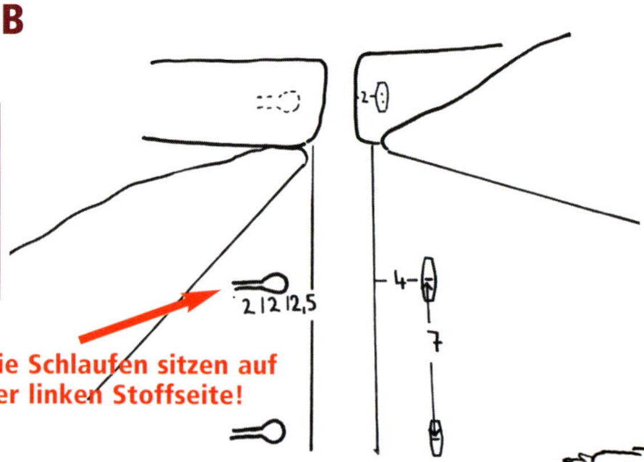

Die Anordnung der Knöpfe. Sie schauen von vorne auf die vordere Kante, die Pelerine ist hochgeklappt.

C

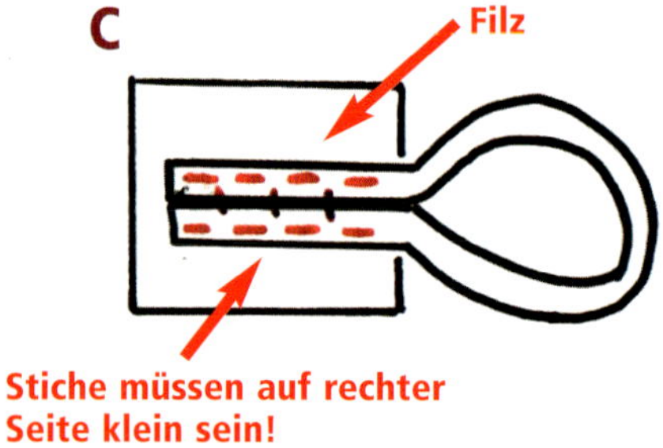

Die Schlaufen müssen so groß sein, dass sie um die Knöpfe passen.

D

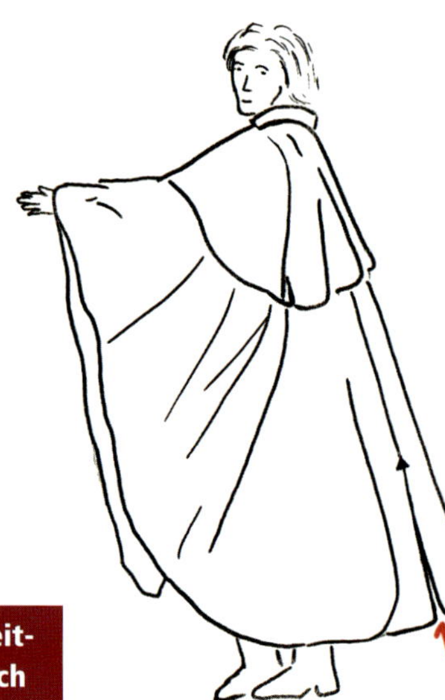

Das Cape von hinten. Der Reitschlitz verhindert, dass es sich hinter dem Sattelkranz aufrollt.

das Cape jemandem überziehen. Jetzt stecken Sie den Kragen (rechts auf rechts) mit einer offenen Längskante auch noch ans Halsloch und steppen anschließend rund um die Halsöffnung alle drei Stofflagen zusammen. An der anderen offenen Längskante des Kragens schlagen Sie den Zentimeter Nahtzugabe ein und nähen den inneren Kragen mit Handstichen fest. Die Knöpfe nähen Sie an die rechte vordere Kante (von vorn gesehen), wie es Abb. B zeigt. Auf die linke Stoffseite kommt unter jeden Knopf ein kleines Stückchen Filz, damit der Stoff nicht ausreißt. Die Schlaufen werden an die gegenüberliegende Kante auf die linke Stoffseite genäht. So überlappt sich der Stoff vorne etwa 10 cm und hält den Wind ab. Wie die Schlaufen gearbeitet werden, veranschaulicht Abb. C. Auch hier wird ein Stückchen Filz mit untergenäht. Wenn Sie die Knöpfe optisch stören, können Sie sie auch nach innen setzen. So habe ich es bei meinem Cape gemacht.

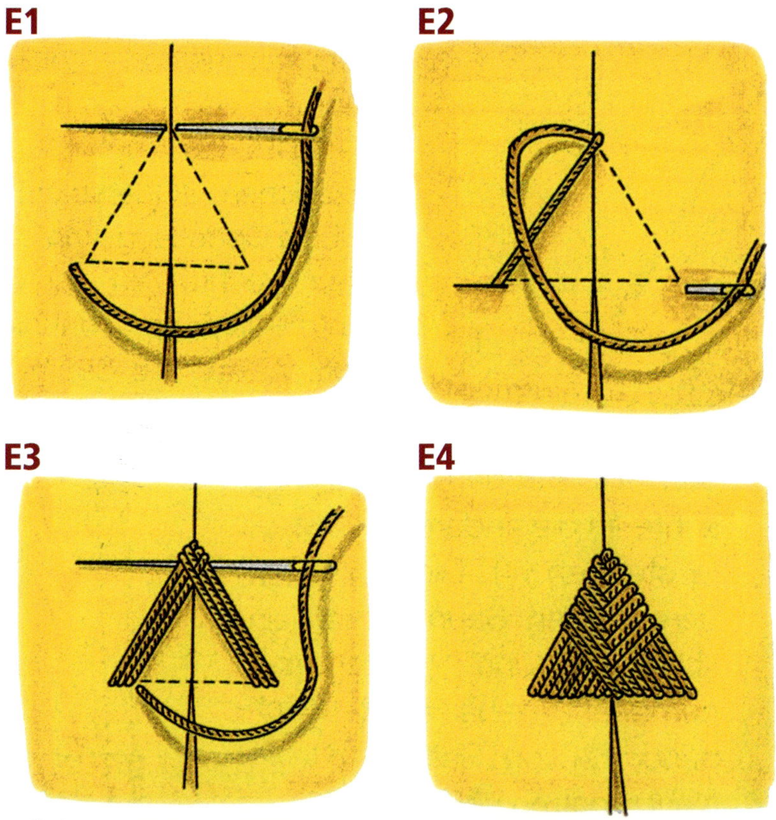

Die Fliege. Die Abbildung wurde mit freundlicher Genehmigung. des Burda-Verlages dem Buch »Nähen leicht gemacht« entnommen.

Die Änderungen hierfür sowie weitere Verschlussvarianten erkläre ich auf meiner Homepage. Damit der Mantel gut über die Beine fällt, schneiden Sie am Rückenteil exakt an der Mittellinie einen »Reitschlitz« von etwa 45 cm ein (siehe Abb. D). Die genaue Länge müssen Sie für sich und Ihren Sattel überprüfen. Am Ende des Schlitzes arbeiten Sie eine »Fliege«, um ihn vor dem Ausreißen zu schützen. Wie das geht, erklärt die Abb. E1–E4: Sie markieren ein Dreieck am Schlitzende und steppen es mit der Maschine ab. Dann umsticken Sie das Dreieck mit Sticktwist. Die Stiche müssen außerhalb des Dreieckes geführt werden und dürfen nicht zu fest angezogen werden.

6. Geschenke für Pferdefreunde

Obwohl es Dinge gibt, die sich jeder Reiter wünscht, ist es oft nicht ganz einfach, Freunde vom Reiterhof zu beschenken. Vieles Schöne ist einfach zu teuer. Oft sucht man ja nur eine kleine Aufmerksamkeit als Dank für eine freundliche Gefälligkeit. Manche nützlichen Dinge, die man immer wieder braucht, erscheinen einem aber zu »profan«, weil z.B. Knoblauchpellets oder Fliegenspray eher hässlich aussehen. Eine witzige und originelle Verpackung löst oft das Problem und im Nu hat man ein nützliches Präsent, das sehr gut ankommt und keine großen Löcher in den Geldbeutel reißt.
Gutscheine und Geldgeschenke, »pferdig« gestaltet, sind sehr begehrt und schnell gemacht. Weitere pfiffige Ideen in diesem Kapitel geben Ihnen Anregungen für witzige und persönliche Geschenke und Mitbringsel. Auch viele Ideen aus den vorigen Kapiteln sind wunderschöne Präsente für liebe Menschen, für die es etwas ganz Besonderes sein soll.
Ein Wort zu den Materialien: Die Gestaltungen der nächsten Seiten sollen Ihnen vor allem als Anregung dienen. Wenn Sie nicht viel zum Basteln im Hause haben, fragen Sie doch mal die Kinder von Bekannten und Verwandten, bevor Sie zu teureren Anschaffungen greifen.

In diesem Kapitel

Pferdeleckerli sind ein nettes, preiswertes Mitbringsel oder Dankeschön – als Bonbon sind sie schnell dekorativ verpackt. Mückenspray braucht jeder Reiter im Sommer – in der witzig gestalteten Tüte lässt sich die unschöne Sprühflasche gut verschenken.

Die Verpackung macht's

Bonbon

Sie benötigen: Stoffrest in gewünschter Farbe oder Glanzfolie, transparente Geschenkfolie, Tesafilm, Schere, Bürohefter

In dem Päckchen, das aussieht wie ein Karamellbonbon, verbirgt sich eine Tüte Bananenleckerli. So können alle Futterzusätze, die in weichen Tüten verkauft werden, flache Lecksteine und Belohnungshappen verpackt werden. Dazu rollen Sie die Tüte in einen schönen glänzenden Stoffrest oder farbige Glanzfolie ein und befestigen auf der Rückseite diese erste Lage sorgfältig mit Klebefilm. Stoff kann man auch gut mit dem Bürohefter tackern. Die Zipfel rechts und links bleiben offen. Nun kommt eine zweite Lage aus durchsichtiger Einwickelfolie darum, die ebenfalls hinten verklebt wird. Die beiden Enden werden jetzt einmal um sich selbst gedreht und die Knautschstelle mit reichlich Tesafilm umwickelt, damit die »Bonbonzipfel« so bleiben.

Stechen verboten

Sie benötigen: hellgrüne Geschenktüte, grünes Buntpapier, evtl. Dekoblümchen, Kopierer, bunte Stifte, Klebstoff, dunkelgrüner Bast

Für die witzige Mückenspray-Verpackung bekleben Sie eine schlichte Geschenktüte unten mit grasgrünem Buntpapier, dem Sie mit der Schere eine »Gras-Silhouette« verliehen haben. Einige Deko-Gänseblümchen darauf sehen hübsch aus.

Für das Schild kopieren Sie die Vorlage nach Wunsch vergrößert auf festes, weißes Papier. Malen Sie sie mit bunten Stiften aus, schneiden Sie das Schild aus und kleben Sie es auf die Tüte. Wenn Sie die Flasche in die Tüte gesteckt haben, »garnieren« Sie die Öffnung noch mit etwas Bast. Wenn Sie keine passende Geschenktüte finden, schlagen Sie das Mückenspray einfach in grünes Geschenkpapier ein und hängen das Schild mit Geschenkband um den Hals der eingewickelten Flasche.

Waschen und legen

Sie benötigen: Kopierer, bunte Stifte, rosa Geschenkpapier, breites Geschenkband, Tesafilm, Passepartoutkarte, Klebstoff oder Bürohefter

In der pinkfarbenen Verpackung steckt ein Mähnen-Entwirr-Spray. Die Karikatur eignet sich aber auch für Huffett, Huffestiger, Glanzspray usw. Schlagen Sie die Flasche so in rosa Geschenkpapier ein, dass Sie oben eine gerade Kante erhalten und nicht zu nah an den Sprühkopf kommen. Aus Kreppband (oder anderem breiten Geschenkband) formen Sie eine große Schleife und tackern oder kleben sie an eine Ecke. Die Vorlage kopieren Sie entsprechend des Kartenausschnitts vergrößert auf weißes Papier, malen sie aus und kleben sie in eine Passepartoutkarte, die farblich zur Schleife passt.

Seifenblasen

Sie benötigen: blaues Krepppapier, kleine teilbare Acrylglaskugeln, Kräuselband in Rosa, Türkis und Hellblau, Schwämmchen in Pferdeform, doppelseitiges Klebeband, Tesafilm, Nähnadel, Nähgarn

Eine schlichte Flasche Pferdeshampoo kann man in der Seifenblasen-Verpackung sehr gut verschenken. Dafür schlagen Sie die Flasche in Krepppapier ein und binden die Stelle am Flaschenhals ab. Die Kugeln füllen Sie mit Stücken vom Kräuselband. Die wieder verschlossenen Kugeln hängen Sie mit Kräuselband um den Hals der Flasche. Ein Schwämmchen wird mit Nadel und Nähgarn durchstochen und ebenfalls um den Hals gehängt. Ein anderes Schwämmchen wird zusammen mit zwei gefüllten Kugeln mit doppelseitigem Klebeband in die offene Papiermanschette geklebt. Ein paar gekräuselte Bänder runden das Ganze ab. Sie erhalten auch mit Schwämmchen oder Kugeln allein eine sehr wirkungsvolle Verpackung.

In der pinkfarbenen Papierhülle mit der lustigen Karte lassen sich alle möglichen Pflegeprodukte nett verpacken. Im blauen Papier mit den Seifenblasen versteckt sich eine Flasche Pferdeshampoo.

Gesundheit verschenken

Homöopathische Arzneien, Bachblüten und bestimmte ätherische Öle gehören für viele Reiter zur medizinischen Erstversorgung bei sich selbst und ihrem Pferd. Ledum und Arnica, Lavendel und Teebaumöl kann jeder Pferdebesitzer gut gebrauchen – vorausgesetzt, er weiß, wie man diese Mittel richtig einsetzt. Wer gute Erfahrungen damit gemacht hat, wird sich freuen, wenn die Stallapotheke ergänzt wird – aber wie soll man die unscheinbaren kleinen Flaschen verpacken?

So originell verpackt lassen sich auch homöopathische Arzneien und ätherische Öle gut verschenken.

Haferkranz

Sie benötigen: Hafer- oder sonstigen Kranz, breites kariertes Geschenkband und schmaleres Band zum Aufhängen, Blumendraht

An einem Haferkranz baumeln hier zwei Fläschchen mit homöopathischen Globuli. Für dieses Geschenk knoten Sie ein Aufhängeband lose um den Kranz und binden daran die Flaschen fest. Machen Sie feste Knoten, damit sie nicht aufgehen. Aus dem gleichen oder farblich passenden Band binden Sie eine große Schleife und befestigen sie mit Blumendraht am Aufhängeband oder stecken den Draht in den Kranz hinein. An solch einem Kranz kann man z.B. auch nicht zu große Salbentuben festbinden. Wenn Sie Kränze aus Getreide, Stroh oder Heu selbst binden wollen, umwickeln Sie zuerst kleine Sträußchen aus dem Material straff mit Blumendraht. Dann werden die Sträußchen an einem Drahtkranz mit Blumendraht festgebunden, das nächste Sträußchen verdeckt dabei die Wickelstelle des vorhergehenden.

Potpourri

Sie benötigen: Getrocknete Blüten oder fertiges Potpourri, schöne Spanschachtel, evtl. noch Geschenkfolie und passendes Band

Ätherische Öle verschenkt man sehr passend in getrockneten Blüten oder einem Potpourri eingebettet. Auch einzelne Flaschen kommen so gut zur Geltung, wenn man die Schachtel oder das Körbchen nicht zu groß wählt. Käsespanschachteln kann man gut verwenden, wenn man sie in heißem Seifenwasser gebadet und lange und gründlich in der Sonne getrocknet hat, sie verlieren dann ihren Geruch.

Kleinod

Sie benötigen: Kleine Span- oder Holzschachtel, Watte, Federn, Perlen mit Perlmuttglanz, evtl. kleine Schneckenhäuser oder einzelne getrocknete Blüten

Für manche ätherischen Öle (Rose, Schafgarbe, Veilchen) muss man viel Geld ausgeben und sie stellen ein sehr wertvolles Geschenk dar, wenn das Pferd des Beschenkten sie braucht oder mag. Solche teuren Öle kann man wie eine Kostbarkeit verpacken. Dafür legen Sie die Flasche etwas schräg auf Watte in die Schachtel und verteilen Flitter, Perlchen, Federn etc. darum.

Geldgeschenke

Geldgeschenke haben zum Glück den Ruch der Verlegenheit verloren. Auf liebevolle Art verpackt sind es persönliche und sinnvolle Präsente, mit denen der Beschenkte auf jeden Fall etwas anfangen kann.

Ein Reiterfreund, der eine kostspielige Tierarztrechnung bezahlen muss, wird sich sehr über eine »Finanzspritze« freuen. Auch wenn der Betrag klein ist, zeigt solch ein Geschenk, dass man mitfühlt und helfen möchte. Viele Pferdebesitzer haben chronischen Geldmangel und wären entzückt, wenn sich ihr Vierbeiner in einen »Goldesel« verwandeln würde. Wenn man weiß, dass jemand auf einen Sattel, einen Hänger oder etwas anderes spart, ist die Karte »Große Sprünge« angebracht. »Geld wie Heu« hätte wohl jeder gern.

Das Brückenmotiv auf den Euro-Scheinen kann man gut in einen Sprung einbauen.

Große Sprünge

Sie benötigen: ein Bild von einem springenden Pferd, bunte Stifte, evtl. Tipp-Ex-Stift, weißes kräftiges Papier, farbiger Fotokarton, Klebstoff, Geldschein, Schere

Alle Euro-Geldscheine ziert ein Brücken-Motiv – da bietet es sich an, den Schein in einen Brückensprung einzubauen. Schneiden Sie aus einer Zeitschrift ein Bild von einem Pferd, das über ein Hindernis springt, aus oder vergrößern Sie mit einem Farbkopierer ein geeignetes Foto, vielleicht sogar von der Person, die Sie beschenken wollen. Zeichnen Sie sich nun eine Hindernismauer in der Farbe des Geldscheins, den Sie »einbauen« wollen, also blau für Zwanziger usw. Die Größe der Mauer hängt von Ihrem Motiv ab: Sie muss den ursprünglichen Sprung abdecken und in der Mitte so viel Platz lassen, dass das Brückenmotiv des Geldscheins die Mauerkrone bildet. Sie können Buntstifte, Filzstifte und weiße Korrektur-Stifte für die Mauer verwenden. Schneiden Sie die Mauer aus und kleben Sie sie nur mit den Rändern auf dem Bildmotiv fest, sodass Sie nach dem Trocknen den Geldschein einschieben können. Wenn sich Wellen bilden, legen Sie das Bild über Nacht unter schwere Bücher. Die Ränder des Bildes werden nun noch sauber beschnitten, dann wird alles auf farblich passenden Fotokarton geklebt, auf den Sie Ihre guten Wünsche schreiben können.

Tipp

Sie können aus Geldscheinen auch Hindernisstangen formen, indem Sie sie der Länge nach eng über einen Bleistift rollen und das Röllchen vorsichtig mit Tesafilm fixieren. Die »Stangen« werden mit Hilfe von leicht ablösbaren Klebepads auf dem Bild befestigt. Hindernisständer bauen Sie mit Papprollen von Küchenpapier oder Eisstäbchen.

Finanzspritze

Sie benötigen: große Spritze aus der Apotheke, Geldschein, Plusterstift, kleine bunte Faltkarte oder Fotokarton, Kräuselband, Konturenschere, Locher, Tesafilm

Mit bunten Stiften oder Plusterstift schreiben Sie das »Rezept« auf den Fotokarton. Den Plusterstift lassen Sie gut trocknen und fönen ihn dann. Den Geldschein wickeln Sie eng um den herausgezogenen Kolben der Spritze und fixieren ihn mit einem dünnen Streifen Tesafilm. Schieben Sie den Kolben wieder in die Hülle und binden Sie die Spritze mit Kräuselband an das gelochte »Rezept«.

So eine Spritze lässt sich jeder gern verpassen.

Goldesel

Sie benötigen: Kopierer, blauen Fotokarton, goldenen Edding-Stift, schwarzen Filzstift, alten Schuhkarton, getrocknetes Moos, Klebepads, Bastel-Klebstoff ohne Lösungsmittel, Schere, Münzen

Vergrößern Sie die Vorlage mit einem Kopierer, sodass der Esel etwa 10 x 9 cm misst. In dieser Größe kopieren Sie ihn dann auf eine Din-A-4 Seite blauen Fotokarton in die untere linke Ecke. Malen Sie den Esel mit Goldstift aus, Mähne und Hufe werden mit einem schwarzen Filzstift nachgezeichnet. Schreiben Sie mit Goldstift Ihre Glückwünsche über den Esel, aber noch in die untere Hälfte des Blattes. Unter den Schwanz des Esels kleben Sie eine kleine Münze und lassen sie gut antrocknen. Nun falten Sie 1cm des Fotokartons an der unteren Seite um, sodass eine Standfläche unter den Eselhufen entsteht. Falten Sie das Blatt in der Mitte. Vom Deckel des Schuhkartons schneiden Sie soviel ab, dass nur die rechte Ecke übrig bleibt, ein Stück von 21 cm Breite und 9 cm Tiefe. Dies wird die Fläche, auf die das Moos kommt, die Pappränder geben der Karte Halt.

Bestreichen Sie den hinteren Rand des Deckels und die umgefalzte Standfläche der Karte mit Kleber und setzen Sie die Karte so in das Deckelstück, dass die hintere Seite am Rand klebt und die vordere durch die Klebefläche Halt bekommt. Jetzt wird die gesamte freigebliebene Fläche des Pappdeckels großzügig mit Kleber eingestrichen und das Moos darauf gelegt. Ziehen Sie es auch an den Ecken ein wenig hoch. Die Münzen werden mit Klebepads auf der Karte und dem Moos fixiert, sie sind leicht wieder ablösbar.

Nicht sehr rittig, aber finanzstark: der Goldesel.

Geld wie Heu

Sie benötigen: kleinen Korb, Heu, evtl. buntes Band u. Karte, Geldscheine, Tesafilm

Die Geldscheine werden gerollt, mit Tesafilm fixiert und in den mit Heu gefüllten Korb gesteckt.

Geld wie Heu kann jeder gut gebrauchen.

Gutscheine

Eines der wertvollsten Geschenke, das Sie jemandem machen können, ist Ihre Zeit. In Form von Gutscheinen, die konkrete Hilfe anbieten, werden große und kleine »Zeitgeschenke« stets sehr dankbar angenommen. Wer sein Pferd selbst versorgt, wird begeistert sein, wenn man bereit ist, für ein Wochenende oder die Urlaubswochen das Füttern zu übernehmen. Auch die Hilfe beim Ausmisten ist stets hochwillkommen. Haflinger- und Schimmelbesitzer freuen sich bestimmt über Gutscheine für »Schweifwäsche« oder Hilfe bei der »Komplettwäsche«.
Wohlgemerkt: Sie müssen es auch ernst meinen mit Ihrem Angebot und sich vorher gut überlegen, wie viel Zeit und Hilfe Sie sich leisten können.

Tipp

Wenn es mal schnell gehen muss: Improvisieren Sie. Mit passenden Seiten aus Pferdezeitschriften oder -katalogen, bunten Stiften und farbigem Tonpapier können Sie rasch eine nette Karte gestalten. Die Karikaturen können auch für Gutscheine nützlich sein: Das Pferd auf dem Friseurstuhl (siehe Seite 141) wäre z.B. die passende Illustration für Ihre Hilfe beim »Schönmachen« des Pferdes fürs Turnier oder die Zuchtschau.

Ausmisten

Sie benötigen: gelbes Papier, Konturenschere, grüne Klappkarte, Bastel-Klebstoff, Klebepads, Schubkarre, Schaufel und Besen im Miniformat, Stroh, Schere

Drucken Sie mit Hilfe des Computers den Gutscheintext in einer schönen Schrift auf gelbes Papier aus. Schneiden Sie die Zeile mit der Konturenschere aus und kleben Sie sie auf die obere Hälfte der Klappkarte. Fixieren Sie auf der unteren Hälfte die Schubkarre mit Klebepads. Streichen Sie dann um die Schubkarre herum die Karte mit Bastelkleber ein und streuen Sie klein geschnittenes Stroh darauf. Drücken Sie es etwas fest und kleben Sie Schaufel und Besen an der Karte und der Schubkarre fest.

Füttern

Sie benötigen: grünen Fotokarton, orangefarbenes Papier, Konturenschere, alten Schuhkarton, Bastelklebstoff, Klebepads, Heuballen und -gabel, Zinkeimer, Korb, Holzmöhren und -äpfel im Miniformat

Falten Sie den Fotokarton in der Mitte. Drucken Sie mit Hilfe des Computers den Gutscheintext in einer schönen Schrift auf orangefarbenes Papier aus. Schneiden Sie die Zeile mit der Konturenschere aus und kleben Sie sie auf die obere Hälfte der grünen Karte. Schneiden Sie sich eine Ecke aus dem Deckel eines Schuhkartons zurecht wie beim »Goldesel« beschrieben. Vom rechten Papprand darf nur ein Stückchen stehen bleiben, es wird später vom Heuballen verdeckt. Kleben Sie die Karte auf die Kartonecke. Mit reichlich Bastelkleber (oder mit der Heißklebepistole) wird der Heuballen schräg in die rechte Ecke geklebt. Stecken Sie die Heugabel hinein. Füllen Sie den kleinen Weidenkorb mit

Wer sein Pferd selbst versorgt, freut sich sehr über eine »freie Woche«.

Deko-Möhren und -Äpfeln, die Sie mit Klebepads fixieren. Kleben Sie nun den Eimer, den Korb und einige Deko-Früchte mit Klebepads neben den Heuballen.

Kampf dem Schmutz: Schimmelbesitzer sind von solchen Aufmerksamkeiten begeistert.

Schweifwäsche

Sie benötigen: kleiner Zinkeimer, kleine Gästeseife, Stoffrestchen, Schere, farbiges Tonpapier, Konturenschere, Watte

Füllen Sie den Boden eines Puppen-Zinkeimers mit etwas Watte und legen Sie eine kleine Gästeseife schräg hinein. Aus dem Stoff schneiden Sie ein Handtuch mit Fransen, das Sie über den Rand drapieren. Der Gutscheintext wird auf farbiges Tonpapier gedruckt, mit der Konturenschere ausgeschnitten und zwischen Seife und Henkel geklemmt oder geklebt.

Pferd waschen

Sie benötigen: Passepartoutkarte, Kopierer, bunte Stifte, Klebstoff

Vergrößern Sie die Vorlage mit dem Kopierer und malen Sie sie bunt aus. Schreiben Sie den Text in die Badewanne. Kleben Sie das Motiv dann in eine Passepartoutkarte.

Survival-Kit für den Stall

Jeder kennt solche Tage: Alles geht schief und die Nerven sind zum Zerreißen gespannt. Der Tierarzt verspätet sich um Stunden, kurz vor dem Transport zerfetzt das Pferd sein Halfter, man hat den Autoschlüssel irgendwo in der Dunkelheit verloren und zudem seit geraumer Zeit nichts mehr gegessen. Da ist der Inhalt eines solchen Survival-Kits vielleicht ein kleiner Trost, denn hier kann alles hinein gepackt werden, was in typischen Stresssituationen im Stall von Nutzen sein kann: Löslicher Kaffee und Kaffeeweißer, ein Mini-Esbit-Kocher und eine billige Blechtasse, Schokolade, Traubenzucker, Likör oder Schnaps in Mini-Flaschen, Rescue-Tropfen von den Bach-Blüten, Baldrianpastillen, ein kleines Buch mit spannenden Kurzgeschichten, Pflaster, desinfizierende Lösung, feuchte Reinigungstücher, Notfallnummern, Kopfschmerztabletten, eine kleine Taschenlampe, Ersatzsocken, Ersatzhalfter, Verladehilfe usw. Die Auswahl und Menge richtet sich danach, wer beschenkt wird und wie viele sich beteiligen.

Hilft an den schlimmen Tagen im Reiterleben: Das Überlebenspäckchen voll mit Seelentröstern und nützlichen Dingen.

Sie benötigen: einen roten oder andersfarbigen Geschenkkarton (eine schlichte weiße Schuhschachtel geht auch) oder eine Geschenktüte, Klebstoff, Schere, Farbstifte, Plusterfarbe oder Lackstift in weiß, Kopierer

Vergrößern Sie die Vorlage mit dem Kopierer, malen Sie sie bunt an und schneiden Sie das Motiv aus. Kleben Sie es auf die Tüte oder den Karton und umranden Sie es mit Lackstift oder Plusterfarbe. Zeichnen Sie sich den Schriftzug und das Kreuz mit Bleistift in der gewünschten Größe ganz fein vor und fahren Sie ihn mit dem Lackstift oder der Plusterfarbe nach. Die Plusterfarbe wird nach dem Trocknen mit dem Fön erwärmt, damit sie plastisch hervortritt.

Fotoreihe

Die Fotoreihe ist ein sehr persönliches Geschenk, das nicht viel Zeit braucht. Da sie recht schmal ist, findet der Beschenkte bestimmt noch einen Platz dafür und die Bilder sind eine schöne Erinnerung. Bei dem Beispiel auf dem Foto geht es um ein erfolgreiches Turnierwochenende auf der Rennwiese in Zweibrücken, von der Ankunft auf dem Hängerparkplatz bis zur Freude über eine gute Platzierung. Gerade wenn das Ereignis schon ein bisschen zurückliegt, kommt so etwas gut an. Sie können auch die Entwicklungsschritte eines Pferdes oder Reiters zum Thema nehmen, einen gemeinsamen Tagesritt, Pferde auf der Koppel, die Weihnachtsfeier – Themen gibt es genug. Zu jungen Leuten passen bunte Farben, edel sieht die Fotoreihe dagegen in Naturtönen und Karten aus Elefantenhaut aus.

Sie benötigen: Fotos, Passepartoutkarten, Klebestift, doppelseitiges Klebeband, 3 m mittelbreites Geschenkband, Schere, Lineal, Bügeleisen

Kleben Sie die ausgewählten Fotos in die Passepartoutkarten. Wenn sie zu groß oder klein sind, kann eine gute Farbkopie das Problem lösen. Bügeln Sie das Geschenkband vorsichtig, damit es ganz glatt liegt, zerschneiden Sie es in der Mitte und legen Sie beide Stücke auf einen großen Tisch. Vom doppelseitigen Klebeband kleben Sie Streifen auf die hinteren schmalen Seiten der Karten, lösen das Papier ab und kleben die Karten in gleichmäßigen Abständen auf die Bänder. Oben werden die Bänder verknotet. Zum Verschenken klappen Sie die Karten aufeinander und stecken sie in einen großen bunten Briefumschlag.

So eine schmale Fotoreihe ist schnell gemacht, nicht teuer und kommt immer gut an.

Bezugsquellen

Die zeitraubende und manchmal vergebliche Suche nach Materialien, die nirgendwo aufzutreiben sind, kann einem das Selbermachen ganz schön vergällen. Deshalb galt mein besonderes Augenmerk der Suche und Auflistung von Bezugsquellen, die mit der Post versenden. Selbst wenn Sie in einem 100-Seelen-Dorf wohnen, sollten Sie so an das Material drankommen. Beachten Sie unbedingt auch meine Homepage.

Acrylglaskugeln – Bastelläden
Apothekerdöschen – Apotheke, ml-Versand

Baumwoll-Crèpe – Anita Pavani
Baumwollgarn »Catania« – Handarbeitsgeschäfte, eunomia
Bergsteigerkarabiner – Outdoorbedarf, Globetrotter
Besätze für Reithosen – Axthelm Fein, Reitbekleidung
Bunsenbrenner – Baumarkt
Bügelmusterstift – Nähbedarf

»Catania«(Baumwollgarn) – Handarbeitsgeschäfte, eunomia
Cordura – Globetrotter
Crow-Perlen – s. »Indianerperlen«

Deoroller, leer – ml-Versand
D-Ringe – Globetrotter, Heiko Kappey
Druckverschlussbeutel – Globetrotter

Eimer, eckig – Baumarkt, Haushaltswaren
Endlosreißverschlüsse mit Krallen u. Schiebern – Globetrotter

Fashion Pen – Bastelläden
Federn – Bastelbedarf, Hudsons Bay
Funktionskleidung – Sportgeschäfte, Outdoorbedarf, Globetrotter

Gitter-Rollwagen – Möbelgeschäfte, Baumarkt
Gurtband – Nähbedarf, Baumarkt, Globetrotter

Holzperlen – Bastelbedarf, buttinette

Imprägnierer – Drogeriemärkte, Outdoorbedarf, Globetrotter
Indianerperlen – Perlenladen Chemnitz

Jutegarn – Bastelbedarf

Keilrahmen – Künstlerbedarf
Kletterseil – Bergsteigerbedarf, Globetrotter
Konturenschere – Schreibwaren, Bastelläden
Kordeln – Nähbedarf
Krallen von wilden Tieren – Hudsons Bay
Kränze und Kranzformen – Bastelläden, Buttinette
Kunstleder – Nähbedarf, Heiko Kappey

Leder – Heiko Kappey, Hudsons Bay
Lederbänder – Bastelbedarf, Perlenversender, Nähbedarf

Makramee-Holzperlen – Bastelläden
Markisenstoff – Gardinenabteilung, Stoffgeschäfte mit Möbelstoffen
Metallringe normal – Baumarkt, Schuster
Metallringe stark – Sattler, Heiko Kappey
Metallspinde – Möbelhäuser, Militärbedarf
Mini – Dekoartikel – Bastelläden, Buttinette
Moos, getrocknet – Bastelläden, Buttinette

Pailletten – Nähbedarf, Bastelläden
Passepartoutkarten – Bastelläden, Schreibwaren
Perlnadeln – Nähbedarf, Perlenversender
Plastikkisten mit Deckel – Baumarkt
Plastiktuben, befüllbar – Globetrotter
Plusterfarbe – Bastelläden
Polypropylen-Schnur – Baumarkt, Eva Heilmeyer

Regen-Cretonne – Anita Pavani
Reithosen maßgeschn. – Axthelm Fein. Reitbekl.
Rocailles – Bastelbedarf, Perlenversender
Rollbretter – Baumarkt
Rundbeutel, wasserdicht – Outdoorbedarf, Globetrotter

Schaumstoff –spezielle Schaumstoffgeschäfte, die auch zuschneiden (Branchenverzeichnis), Nähbedarf, Gardinen- und Dekoabteilung, kleinere Stücke sind oft Verpackungsmaterial und werden von Geschäften verschenkt – nachfragen
Schiffchen – Pferde-Versandhäuser, Heiko Kappey, Reitsportgeschäfte
Schlauchband – Bergsteigerbedarf, Globetrotter
Schnappkarabiner – Globetrotter, Heiko Kappey, Outdoorbedarf
Schraubdosen aus Nalgene oder Plastik – Outdoorbedarf, Globetrotter, ml-Versand
Schwämmchen in Pferdeform – Reitsportläden, Pferde-Versandhäuser
Seam grip – Outdoorbedarf, Zeltabteilungen, Globetrotter
Snaps – Pferde-Versandhäuser, Heiko Kappey
Stickgarn – Handarbeitsgeschäfte
Stickrahmen – Handarbeitsgeschäfte und –abteilungen
Stifte zum Aufsticken – Nähbedarf, Bastelläden

Spezialnadeln – Nähbedarf
Steckschnallen – Nähbedarf, Globetrotter
Stoff: robuste, feste Stoffe bekommt man oft in Geschäften, die Möbelstoffe führen

Tacky Tape – Bastelläden
Textilmalstifte – Bastelläden

Vliesofix – Nähbedarf

Wachskästchen für Nähfaden – Nähbedarf
Waschleder – Autopflegebedarf und -abteilungen
Webkärtchen – Ruth Körber
Weithalsflaschen – Outdoorbedarf, Globetrotter
Westernhemden ohne Druck – Silverado, Krämer Pferdesport
Wolldecken – Militärbedarfshandel

Zähne von Elchen, Koyoten, Bären etc. – Hudsons Bay
Zerstäuberflaschen – ml-Versand
Zwirn – Nähbedarf, Bastelläden, Heiko Kappey

Adressen

Axthelm, Sigrid – Feine Reitbekleidung
Lauerhof 43
67697 Otterberg
Tel.: 06301/9813
www.jagdreiter-shop.de
- Maßgeschneiderte Reithosen

Brigadoon Perlen
Matias Kruse
Hauptstr. 127 d
65843 Sulzbach/Taunus
Tel./Fax: 06196/882252
www.brigadoon.de
- große Auswahl an Perlen, viele Rocailles

Buttinette – Bastelversand
Industriestr. 22
86637 Wertingen
Tel.: 08272/99666
www.buttinette.de
- Großes Sortiment an Deko- und Bastelartikeln

Eunomia-Woll-Shop
Inh. Ute Ströbel
Von-Liebig-Str. 42
52531 Übach-Palenberg
Tel.: 02451/909205
Fax: 02451/909206
www.eunomia.de
- über 50 Farbtöne von »Catania«

Globetrotter Ausrüstung
Bargkoppelstieg 12
22145 Hamburg
Tel.: 040/67966179
www.globetrotter.de

Hudsons Bay Indian Trading Post
(Inh. Robert Wagner)
Wieshof 2
93199 Zell
Tel.: 09468/352
Fax: 09468/460
www.hudsons-bay.de
- vom Tipi bis zum Elchzahn: alles für Indianerkunst

Kappey, Heiko, Sattlereibedarf
Achardstr. 10
31319 Sehnde
Tel.: 05138/709991
www.kappey.de

ml-Versand (A. Müller-Lancé)
Natur- und Handarbeitswaren
Belchenstr. 1
79415 Bad Bellingen
Tel.: 07635/823236
www.ml-natur.de
- Deoroller, große Auswahl an Zerstäuberflaschen, Dosen und Flaschen

Pavani, Anita – Naturstoffe
Ludwig-Rinn-Str.14–16
35452 Heuchelheim
Tel.: 0641/96282-0
www.pavani.de
- große Auswahl an Stoffen aus Naturfasern

Perlen-Laden Chemnitz
Antje Friedel
Uferstr. 48
09126 Chemnitz
Tel.: 0371/4791067
Fax 0371/4505619
www.perlen-laden.de
- große Auswahl an Perlen, Crow-Beads, schöne Perlen aus Naturmaterialien

Silverado – Reitsport & Outdoor
R. Oesterle
Kaisersbacherstr.35
71540 Murrhardt-Kirchenkirnberg
Tel.: 07184/2100
www.Silverado-Reitsport.de